■ 高等职业技术院校公路类专业教材 ■

工程力学基础

主 编 闫志红
主 审 郑善桥

中国劳动社会保障出版社

简介

本书根据高等职业技术院校教学实际，由人力资源和社会保障部教材办公室组织编写。本书主要分为两大部分：静力学和材料力学，具体内容包括工程构件的受力分析、平面力系的合成与平衡、轴向拉伸压缩杆件的承载能力分析、剪切实用计算、扭转构件承载能力分析、受弯构件承载能力分析、组合变形分析、压杆稳定分析。本书力图使学生掌握路桥施工一线技术人员所必需的力学基础知识，学习运用力学方法分析和解决路桥施工中的力学问题，为路桥施工、设计等工作打下基础。

本书由闫志红主编，赵九敏、马蕾、黄繁参加编写，郑善桥主审。

图书在版编目(CIP)数据

工程力学基础/闫志红主编. —北京：中国劳动社会保障出版社，2012
高等职业技术院校公路类专业教材
ISBN 978-7-5045-9788-5

Ⅰ.①工… Ⅱ.①闫… Ⅲ.①工程力学-高等职业教育-教材 Ⅳ.①TB12

中国版本图书馆CIP数据核字(2012)第159481号

中国劳动社会保障出版社出版发行
（北京市惠新东街1号 邮政编码：100029）
出 版 人：张梦欣
*
北京市科星印刷有限责任公司印刷装订 新华书店经销
787毫米×1092毫米 16开本 10印张 225千字
2012年8月第1版 2025年7月第8次印刷
定价：19.00元

营销中心电话：400-606-6496
出版社网址：http://www.class.com.cn
http://jg.class.com.cn

前言

随着我国公路交通的高速发展，公路施工、养护、工程测量等岗位从业人员的数量日益增多，对其具备的知识和能力的要求也在不断提高。为了更好地满足各类职业院校对公路类专业高技能人才的培养需求，全面提升教学质量，人力资源和社会保障部教材办公室组织全国有关院校的教学专家、行业企业专家，在充分调研学校教学情况和企业生产实际的基础上，精心编写了高等职业技术院校公路类专业教材，包括公路类专业基础平台课教材《公路概论》《公路工程识图》《公路 CAD》《工程力学基础》《土质与筑路材料》，以及公路类专业课教材《路基路面施工技术》《桥涵工程施工技术》《公路养护技术》《公路工程测量》《公路勘测及简单设计》《公路工程现场测试技术》《公路工程施工组织与概预算》《公路施工养护机械》《公路施工安全》。

在教材的编写过程中，力求做到以下几点：

1. 采用模块化设计，合理构建专业教材体系

针对公路类专业培养目标和企业对岗位能力的不同需求，本套教材分为公路施工养护模块、公路工程测量模块、公路试验检验模块、公路施工组织与管理模块等。教师可以在专业基础平台上组合不同的能力模块实施教学，以达到公路（桥梁）施工、养护、工程测量等专业方向的能力培养要求。

2. 以国家职业标准为依据，以能力培养为目标组织教材内容

教材编写以筑路养护工、工程测量工、桥梁工、隧道工等职业的国家职业标准为依据，注重企业对公路施工、养护、工程测量等岗位从业人员的能力要求，坚持实用、够用的原则，合理组织教材内容，有效解决了公路类教材存在的理论性过强的问题。

3. 贯彻先进的教学理念，根据教学内容的不同精心选择编写模式

本次教材编写贯彻了职业教育的先进教学理念，对于理实一体化和工程实践操作性较强的课程，采用了任务驱动的编写模式；对于理论性较强的课程，采用了理论与工程实践相结合的编写模式。在教材的表现形式上，尽量采用以图代文、以表代文的表达方式，增强教材的可读性，激发学生的学习兴趣，引导学生自主学习。

为方便教学，与《公路概论》《公路工程识图》《工程力学基础》《土质与筑路材料》《公路工程测量》《公路工程施工组织与概预算》相配套，开发了习题册；与《公路概论》《公路工程识图》《公路 CAD》《工程力学基础》《土质与筑路材料》《路基路面施工技术》《桥涵工程施工技术》《公路工程测量》《公路工程现场测试技术》相配套，开发了多媒体教学课件，可进入中国人力资源和社会保障出版集团网站（http://www.class.com.cn）免费下载。

在本套教材的编写过程中，得到了有关省市教育部门、人力资源和社会保障部门以及一批高等职业技术院校的大力支持，教材的主编、主审等有关人员做了大量的工作，在此表示衷心的感谢！同时，恳切希望广大读者对教材提出宝贵的意见和建议，以便修订时加以完善。

人力资源和社会保障部教材办公室

2012 年 6 月

目录

绪　论

在建筑物中起到骨架作用的主要物体称为结构，如桥梁、桥涵、房屋、水电站、大坝等。这些结构的共同特点是承受着各种各样的载荷而处于安全的状态。工程力学是为结构计算提供受力分析方法和计算理论依据的一门课程，是公路、道桥、建筑等土木工程类专业的一门重要的技术基础课。

本书将理论力学和材料力学两门课程的主要内容融合为一体。

一、工程力学的研究对象

本书分为静力学部分和材料力学部分，共八个模块。其中模块一和模块二属于静力学部分，其余模块属于材料力学部分。

1. 静力学部分的研究对象

静力学部分的研究对象为刚体。所谓刚体，就是指物体受到载荷后，其形状和大小都不发生改变。在自然界中并不存在这样的物体，刚体只是一个理想化的力学模型。当研究物体的平衡时，将构件视为刚体不会影响计算结果的精确性。

2. 材料力学部分的研究对象

材料力学部分的研究对象为变形固体。所谓变形固体，是指物体受到载荷作用后，其形状或大小会发生改变。工程上所用的构件都是由固体构成的，当分析其强度、刚度、稳定性时，必须考虑变形，这时则把构件视为变形固体。

物体的变形主要分为弹性变形和塑性变形。变形固体在外力作用下发生变形，当外力消除后，变形完全消失而恢复原状，称为弹性变形；当外力消除后，不能完全消失的变形称为塑性变形。本书材料力学部分的研究对象是变形固体，其变形处于弹性变形范围内。为了使问题的研究得到简化，通常对变形固体做如下假设：

（1）均匀连续性假设

假设变形固体内毫无间隙地充满了物质，而且各处的力学性能都相同。根据这一假设，从构件内部任何部位所取的微元体，都具有与构件完全相同的力学性能。

（2）各向同性假设

假设变形固体沿各个方向上的力学性能都是相同的。根据这一假设，在计算中就不用考虑材料力学性能的方向性，而可沿任意方向从构件中截取一部分作为研究对象。

（3）小变形假设

假设构件在外力作用下所产生的变形与构件本身的几何尺寸相比是很小的，即小变形假设。根据这一假设，当考虑构件的平衡问题时，一般可略去变形的影响，而按构件变形前的尺寸和形状进行计算。

二、工程力学的研究任务

1．静力学部分的研究任务

在静力学部分，将研究以下三个问题：

（1）物体的受力分析。

（2）力系的简化，即将一个复杂力系简化为一个简单力系。

（3）建立各种力系的平衡条件。

2．材料力学部分的研究任务

在材料力学部分，将研究以下两个问题：

（1）研究构件在载荷作用下的基本变形形式。

（2）研究构件在载荷作用下的内力、变形、强度、刚度和稳定性的计算。

强度是指构件抵抗破坏的能力。刚度是指构件抵抗变形的能力。稳定性是指构件保持原有平衡状态的能力。满足强度、刚度、稳定性的要求，是保证结构安全的基本条件。

三、构件的基本变形形式

工程实际中的构件是各种各样的，但按其几何特征大致可以简化为杆、板、壳和块体等。本书所研究的只是其中的杆件。所谓杆件，是指其长度远大于其横向尺寸的构件。杆件在不同的外力作用下产生的变形形式各不相同，但通常可以归结为以下四种：

1．轴向拉伸或压缩

杆件受到与杆轴线重合的外力作用时，杆件的长度发生伸长或缩短，这种变形形式称为轴向拉伸（见图0—1a）或轴向压缩（见图0—1b）。

2．剪切

在垂直于杆件轴线方向受到一对大小相等、方向相反、作用线相距很近的力作用时，杆件横截面将沿外力作用方向发生错动（或有错动趋势），这种变形形式称为剪切（见图0—1c）。

3．扭转

在一对大小相等、转向相反、作用面垂直于直杆轴线的外力偶作用下，直杆的任意两个横截面将发生绕杆件轴线的相对转动，这种变形形式称为扭转（见图0—1d）。

4．弯曲

在垂直于杆件轴线的横向力，或在作用于包含杆件轴线的纵向平面内的一对大小相等、方向相反的力偶作用下，直杆的相邻横截面将绕垂直于杆件轴线的轴发生相对转动，杆件轴线由直线变为曲线，这种变形形式称为弯曲（见图0—1e）。

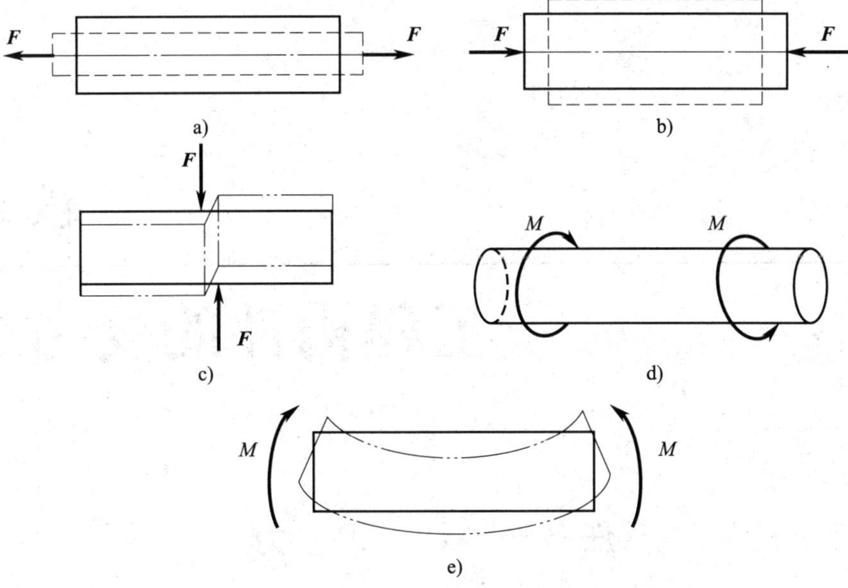

图 0—1　杆件基本变形图

a）轴向拉伸　b）轴向压缩　c）剪切　d）扭转　e）弯曲

模块一

工程构件的受力分析

任务一　认　识　力

1. 理解力的概念和平衡的概念，了解静力学的基本公理。
2. 能叙述力的作用效果。

力在生活中无处不在。物体从静止到运动是因为受到力的作用，如拔河、扫地、抬水等都是因为有力的作用。工程中的构件也承受着各种各样的力，如楼板承受人群载荷、道路和桥梁受到车辆载荷、大坝受到水压力等。那么，什么是力？力对物体的作用效果是什么呢？

1. 已知图 1—1 中小车受到图示的力的作用，试说明图中的力对车的作用效果是什么。

2. 已知图 1—2 中杠杆受到图示的力的作用，试说明图中的力对杠杆的作用效果是什么。

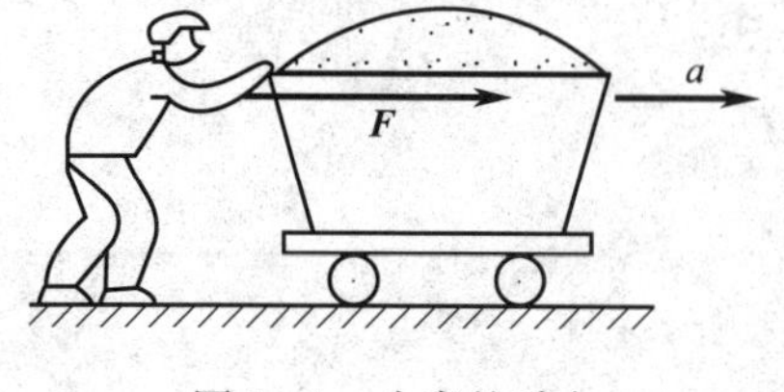

图 1—1　小车的受力

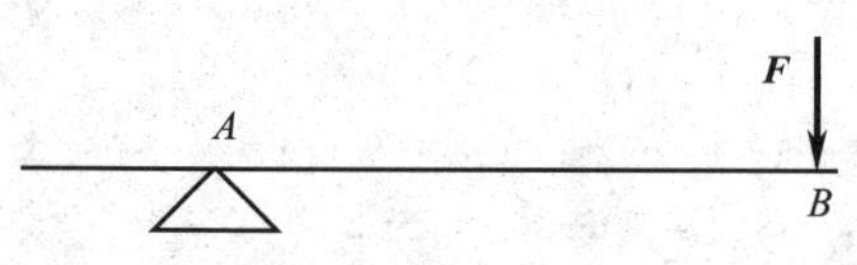

图 1—2　杠杆的受力

一、力及力系的概念

1. 力

力是物体之间相互的机械作用。这种作用使物体的运动状态发生变化或使物体的形状发生改变（见图 1—3），前者称为力的外效应或运动效应，后者称为力的内效应或变形效应。在静力学中只研究力的外效应。就力对刚体的外效应来说，又分为移动和转动两种。其中，力对刚体的移动效应可用力矢来度量，力对刚体的转动效应可用力对点的矩（力矩）来度量。

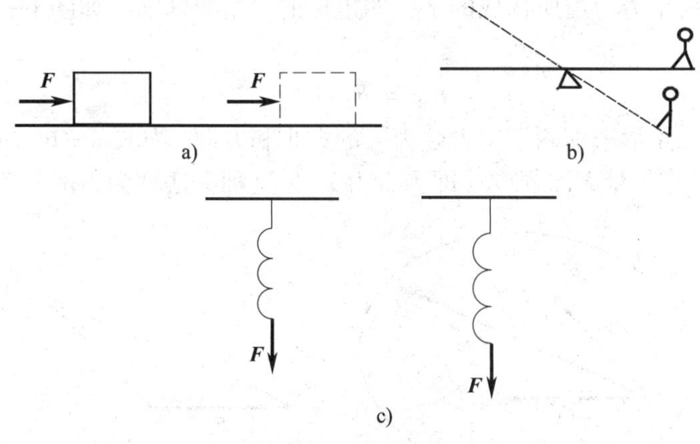

图 1—3　力的作用效果

a）直线运动　b）转动（跷跷板）　c）弹簧变形

实践表明，力对物体的作用效果取决于力的三个要素：力的大小、力的方向、力的作用点。因此力是矢量。如图 1—4 所示，用有向线段 *AB* 表示一个力矢量，其中线段的长度表示力的大小，线段的方位和指向表示力的方向，线段的起点（或终点）表示力的作用点，线段所在的直线称为力的作用线。

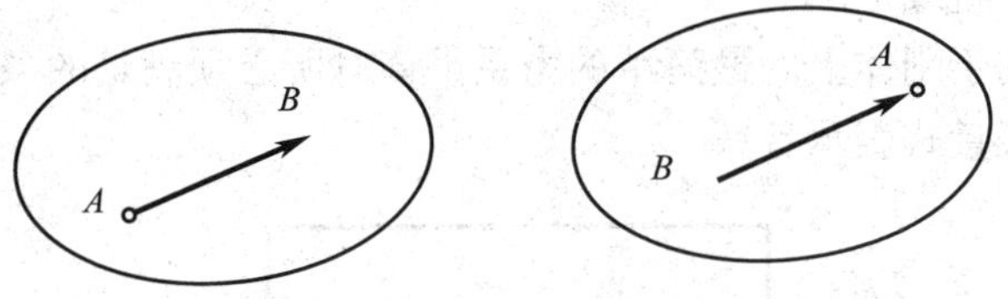

图 1—4　力在图中的表示形式

在静力学中，用黑斜体大写字母 $\boldsymbol{F}$ 表示力矢量，用普通斜体大写字母 F 表示力的大小。在国际单位制中，力的单位是 N（牛顿）或 kN（千牛）。

2. 力系

力系是指作用在物体上的一群力（见图 1—5）。

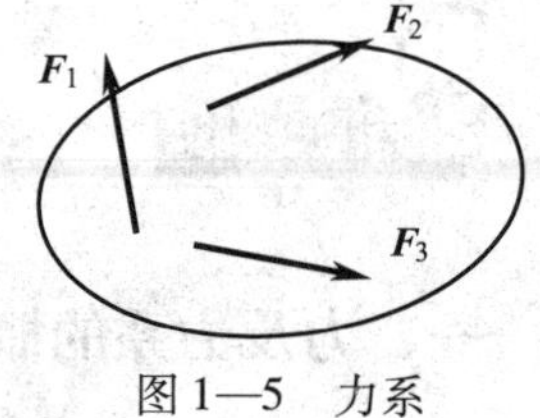

图 1—5　力系

平衡是指物体相对于地球保持静止或做匀速直线运动的状态。如匀速直线运动的车和静止的桥梁、房屋等都处于平衡状态。

平衡力系是指使物体保持平衡的力系。

二、静力学基本公理

静力学公理是人们在生活和生产实践中长期积累的经验总结，又经过实践反复检验，被认为是符合客观实际的最普遍、最一般的规律，是研究力系简化和平衡问题的基础。

1. 公理 1——力的平行四边形法则

作用在物体上同一点的两个力，可以合成为一个合力。合力的作用点仍在该点，合力的大小和方向，由这两个力为边所构成的平行四边形的对角线确定，如图 1—6a 所示，其矢量式为：

$$\boldsymbol{F}_{\mathrm{R}} = \boldsymbol{F}_1 + \boldsymbol{F}_2$$

也可另作一力三角形来求两汇交力合力矢的大小和方向，如图 1—6b 所示，由 A 点作矢量 $\boldsymbol{F}_1$，再由 $\boldsymbol{F}_1$末端作矢量 $\boldsymbol{F}_2$，则 AO 即为合力 $\boldsymbol{F}_{\mathrm{R}}$。这种方法称为力的三角形法则。

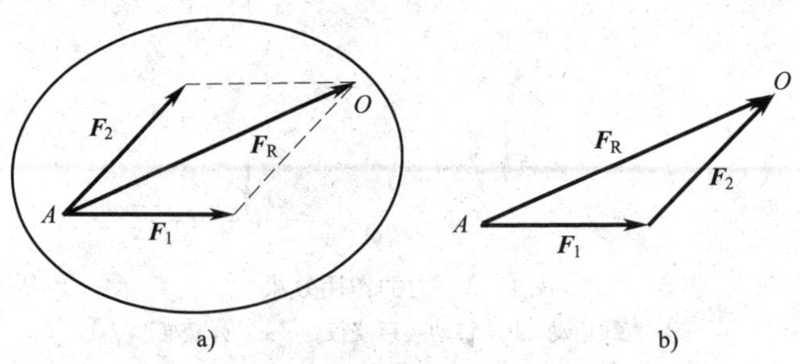

图 1—6　力的平行四边形法则和三角形法则

a）力的平行四边形法则　b）力的三角形法则

2. 公理 2——二力平衡公理

作用在刚体上的两个力，使刚体处于平衡的充分必要条件是：这两个力大小相等，方向相反，且作用在同一条直线上。

该公理表明了作用于刚体上的最简单的力系平衡时所必须满足的条件。如图 1—7 所示，两力的关系可用下列矢量式表示：

图 1—7　二力平衡公理

$$F_1 = -F_2$$

需要说明的是，对于刚体，这个条件既必要又充分；但对于变形体，这个条件是不充分的。例如，绳索的两端受到大小相等、方向相反、且在同一条直线上的压力作用时，是不能平衡的。

3．公理3——加减平衡力系公理

（1）加减平衡力系公理。在已知力系上加上或减去任意的平衡力系，并不改变原力系对刚体的作用效果。

（2）推论——力的可传性。根据上述公理可以导出下面的重要推论：

作用于刚体上某点的力，可以沿着它的作用线移到刚体内任意一点，且不改变该力对刚体的作用效果。

证明：设在刚体上点 A 作用有力 $\boldsymbol{F}$，如图1—8a所示。根据加减平衡力系公理，在该力的作用线上的任意点 B 加上两个相互平衡的力 $\boldsymbol{F}_1$ 与 $\boldsymbol{F}_2$，且使 $\boldsymbol{F}_1=-\boldsymbol{F}_2=\boldsymbol{F}$，如图1—8b所示，由于 $\boldsymbol{F}$ 与 $\boldsymbol{F}_2$ 组成平衡力系，故可去除，这样只剩下力 $\boldsymbol{F}_1$，如图1—8c所示，即将原来的力 $\boldsymbol{F}$ 沿其作用线移到了 B 点。

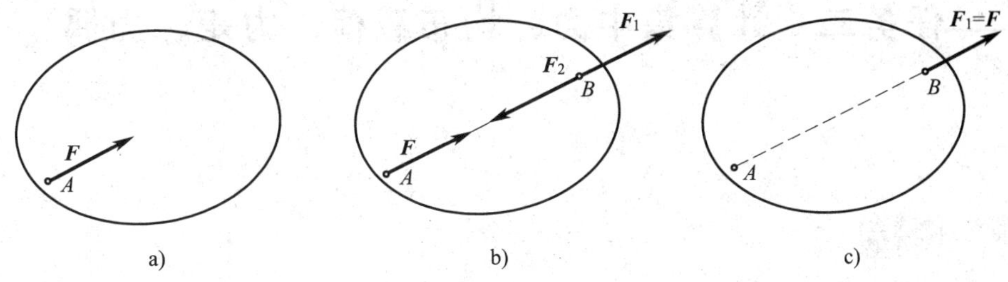

图1—8　力的可传性

力的可传性只适合于刚体，对于变形体则不适用。

4．公理4——三力平衡汇交公理

若刚体受三个力作用而平衡，且其中两个力的作用线相交于一点，则此三个力必共面且汇交于同一点。

证明：如图1—9a所示，刚体受三力 $\boldsymbol{F}_1$、$\boldsymbol{F}_2$、$\boldsymbol{F}_3$ 作用而平衡。根据力的可传性，将力 $\boldsymbol{F}_1$ 和 $\boldsymbol{F}_2$ 移到汇交点 O，然后根据平行四边形法则作出合力 $\boldsymbol{F}_{12}$。则 $\boldsymbol{F}_3$ 应与 $\boldsymbol{F}_{12}$ 平衡（见图1—9b）。根据二力平衡公理，$\boldsymbol{F}_3$ 与 $\boldsymbol{F}_{12}$ 必等值、反向、共线，所以 $\boldsymbol{F}_3$ 必通过 O 点，且与 $\boldsymbol{F}_1$、$\boldsymbol{F}_2$ 共面。

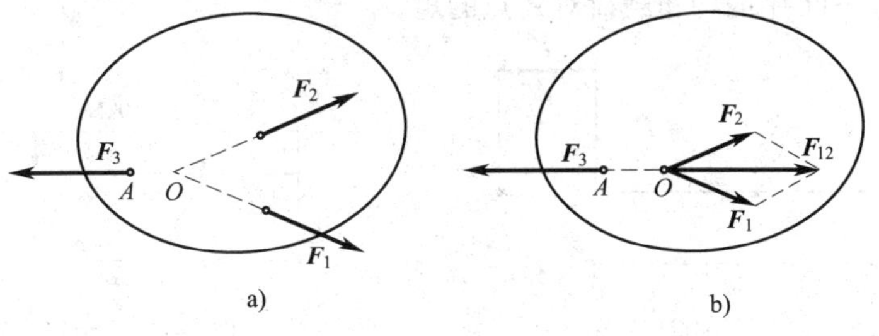

图1—9　三力平衡汇交公理

5．公理 5——作用与反作用公理

两个物体间的作用力与反作用力总是同时存在，且两力大小相等，方向相反，沿着同一条直线分别作用在两个物体上。

这个公理概括了任何物体间相互作用的关系。该公理表明，作用力与反作用力总是成对出现，但由于它们分别作用在两个物体上，与二力平衡公理不同，因此不能视为平衡力。

任务实施

根据力的特点，判断工作任务中力对物体的作用效果。

图 1—1 中：小车在力 ***F*** 作用下，从静止转变为直线运动。

图 1—2 中：杠杆在力 ***F*** 作用下，绕着支点发生转动。

任务二　计算集中力、均布载荷、力矩、力偶

学习目标

1．理解均布载荷、力矩和力偶的概念及受力特点。

2．能计算集中力、均布载荷、力矩和力偶的大小。

工作任务

力的基本运算是力系简化和平衡力系计算的基础。本任务要求：

1．计算图 1—10 中的力 ***F*** 对 *A* 点的矩。

2．计算图 1—11 中的均布载荷对 *A* 点的矩。

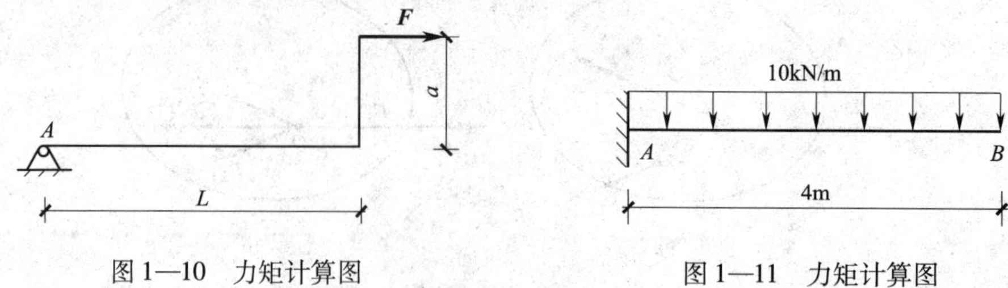

图 1—10　力矩计算图　　图 1—11　力矩计算图

3．计算图 1—12 中的三个力的合力对 *A* 点的矩。

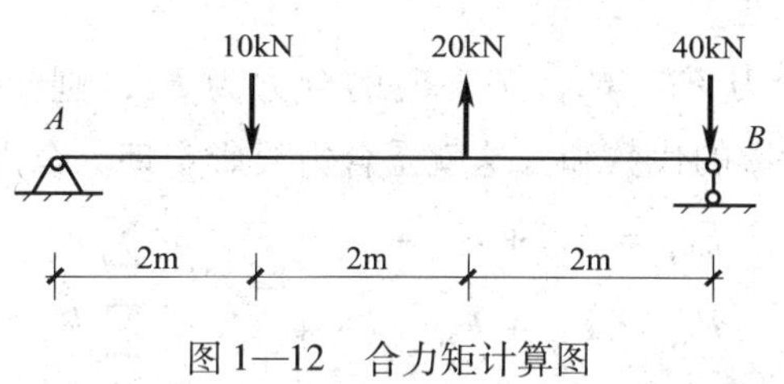

图 1—12 合力矩计算图

一、集中力

物体间相互作用时，力的作用面大小不等。当力的作用面相对很小时，为了计算简便，将作用面简化为一点，此时的力称为集中力；当力的作用面相对较大时，则将力称为分布力。

1. 力在直角坐标轴上的投影

为了便于计算，在计算中往往通过力在直角坐标轴上的投影将矢量转化为代数量运算。

力在直角坐标轴上的投影如图 1—13 所示，在直角坐标系 xoy 平面内有一力 $\boldsymbol{F}$，此力与 x 轴的夹角为 α。由力 $\boldsymbol{F}$ 的始端 A 点和末端 B 点分别向 x 轴作垂线，垂足为 a 和 b，则线段 ab 的长度是力 $\boldsymbol{F}$ 在 x 轴上的投影，用 F_x表示。同理，线段 a_1b_1 的长度是力 $\boldsymbol{F}$ 在 y 轴上的投影，用 F_y表示。

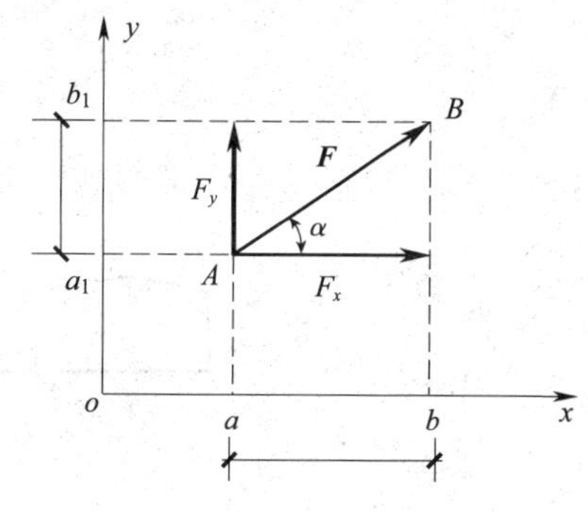

图 1—13 力的投影图

力在坐标轴上的投影为代数量，其正负规定：当投影的始端 a 到末端 b 的指向与坐标轴的正方向一致时，投影为正；反之为负。

力 $\boldsymbol{F}$ 在 x 轴和 y 轴上的投影分别为：

$$F_x = F\cos\alpha$$
$$F_y = F\sin\alpha \qquad (1—1)$$

由式（1—1）可知：当力与投影轴平行时，力在该轴上的投影的绝对值等于该力的大小；若力与投影轴垂直时，则力在该轴上的投影等于零。

2. 已知力的投影求合力

若已知力 $\boldsymbol{F}$ 在平面直角坐标系 xoy 上的投影分别为 F_x和 F_y，则该力的大小和方向为：

$$F = \sqrt{F_x^2 + F_y^2}$$
$$\cos\alpha = \frac{F_x}{F} \qquad (1—2)$$

3. 合力投影定理

若作用于一点的 n 个力 $\boldsymbol{F}_1$，$\boldsymbol{F}_2$，…，$\boldsymbol{F}_n$的合力为 $\boldsymbol{F}_R$，则：合力 $\boldsymbol{F}_R$ 在某轴上的投影，等于各分力在同一轴上投影的代数和，这就是合力投影定理。合力投影的表达式为：

$$\begin{aligned} F_{Rx} &= F_{1x} + F_{2x} + \cdots + F_{nx} = \sum F_{ix} \\ F_{Ry} &= F_{1y} + F_{2y} + \cdots + F_{ny} = \sum F_{iy} \end{aligned} \tag{1—3}$$

式中　F_{Rx}，F_{Ry}——合力在 x 轴和 y 轴上的投影；

F_{1x}，F_{2x}，…，F_{nx}和 F_{1y}，F_{2y}，…，F_{ny}——各分力在 x 轴和 y 轴上的投影。

二、分布力

分布力按照分布的特点，分为均匀分布的力和非均匀分布的力。其中，均匀分布的力又称为均布载荷（见图 1—14），如自重；非均匀分布的力又称为非均布载荷（见图 1—15 和图 1—16）。

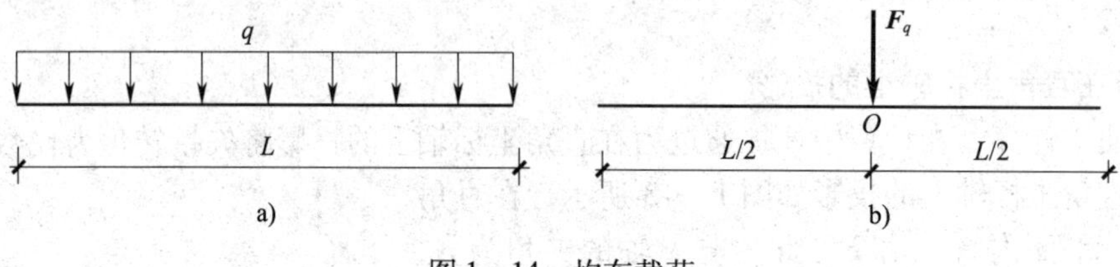

图 1—14　均布载荷

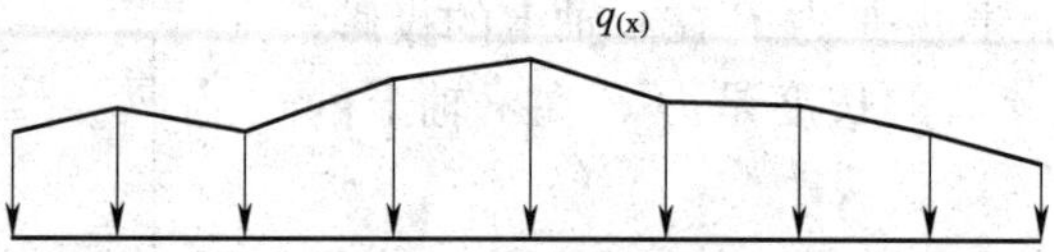

q(x)

图 1—15　非均布载荷

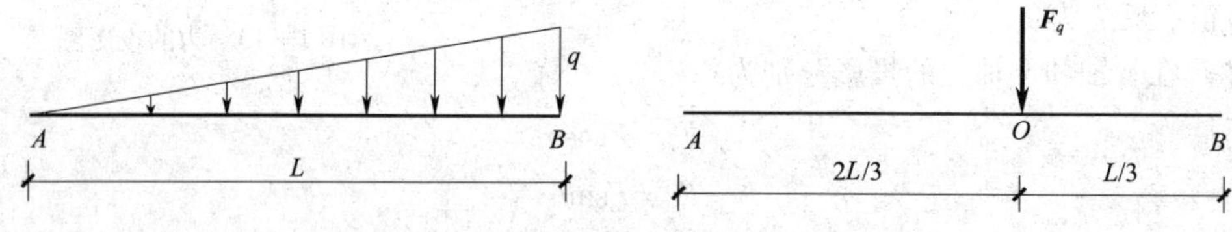

图 1—16　非均布载荷（三角形分布载荷）

图 1—14 中的均布载荷为线性均布载荷 q，其单位为 N/m。一般在运算时往往将其等效为一集中力 $\boldsymbol{F}_q$，$\boldsymbol{F}_q$ 大小等于均布载荷 q 与分布长度 L 的乘积，作用点在分布长度的中点处，方向与 q 方向相同，即：

$$F_q = qL \tag{1—4}$$

在工程中，如土压力和水压力都属于非均匀分布的载荷，但又呈三角形分布。如图 1—16中的非均布载荷为三角形分布载荷，其最大值为 q，单位为 N/m。一般在运算时往往将其等效为一集中力 $\boldsymbol{F}_q$，$\boldsymbol{F}_q$ 大小等于 q 与分布长度 L 的乘积的一半，作用点在距离 A 点 $2L/3$ 处，即 O 点，方向与 q 方向相同，即：

$$F_q = qL/2 \tag{1—5}$$

三、平面力对点的矩（力矩）

力使刚体绕某点转动效应的度量，称为力对点的矩，简称力矩。本书只研究平面内的力使物体转动的力矩。

1. 力对点的矩（力矩）

如图 1—17 所示，力 $\boldsymbol{F}$ 使扳手绕 O 点转动，力 $\boldsymbol{F}$ 对 O 点的矩为：

$$M_O(F) = \pm Fd \tag{1—6}$$

式中 M_O——力矩，N·m；

d——力臂，即矩心 O 点到力 F 作用线的垂直距离，m。

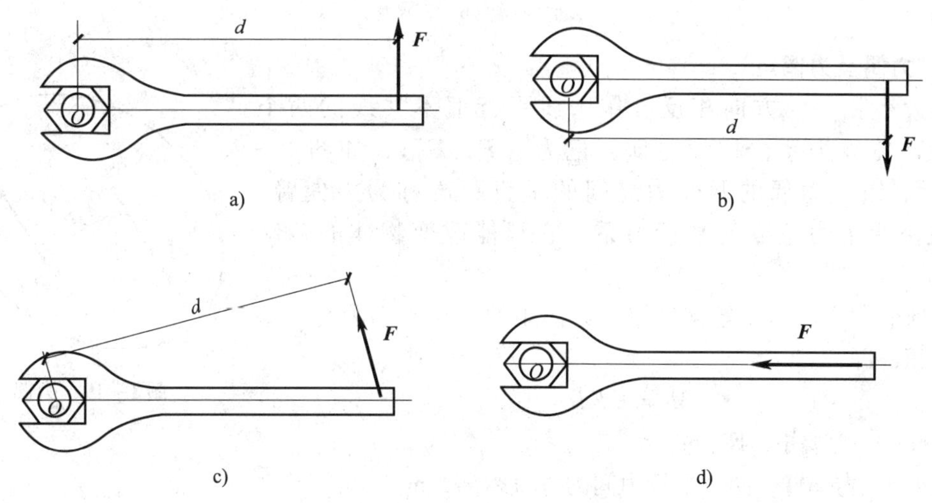

图 1—17 力矩图

a)、c) 逆转的力矩 b) 顺转的力矩 d) 力通过矩心

由式 1—6 可知，力矩的大小不仅与力 $\boldsymbol{F}$ 的大小有关，还与力臂有关，且成正比。另外，当力的作用线通过矩心时，力臂等于零，所以力矩也为零（见图 1—17d）。

力矩是一个代数量，其正负规定：力使物体绕矩心逆时针转动为正，反之为负。

2. 合力矩定理

设作用于平面内一点的 n 个力 $\boldsymbol{F}_1$，$\boldsymbol{F}_2$，…，$\boldsymbol{F}_n$的合力为 $\boldsymbol{F}_R$，则该合力对某点的力矩等于各个分力对该点力矩的代数和，这就是合力矩定理。其表达式为：

$$M_O(F_R) = M_O(F_1) + M_O(F_2) + \cdots + M_O(F_n) = \sum M_O(F_i) \tag{1—7}$$

对于任意力系，若有合力，则合力矩定理都成立。

四、力偶

生活中，我们常常见到汽车司机用双手转动方向盘（见图1—18a）、人们用双手开水龙头开关（见图1—18b）。方向盘和水龙头都是受到一对大小相等，方向相反且不共线的平行力作用，其作用效果是使物体发生转动。

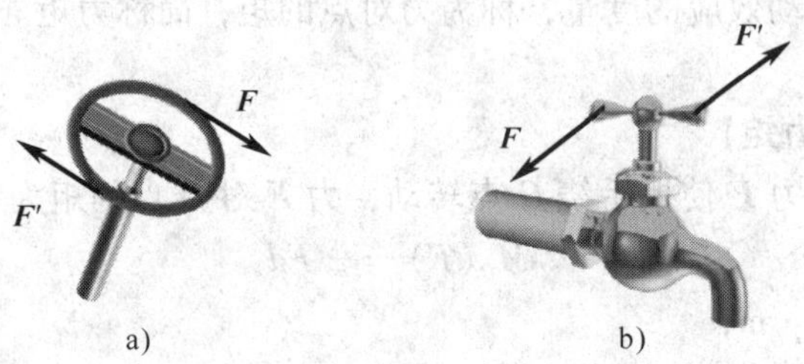

图1—18　力偶

a）转动方向盘　b）开水龙头开关

1. 力偶及力偶矩

由大小相等、方向相反、作用线平行但不共线的两个力组成的特殊力系，称为力偶，记为（**F**，**F′**），如图1—19所示。组成力偶的两个力之间的垂直距离称为力偶臂。力偶是由两个力组成的平行力系，它只能改变物体的转动状态。

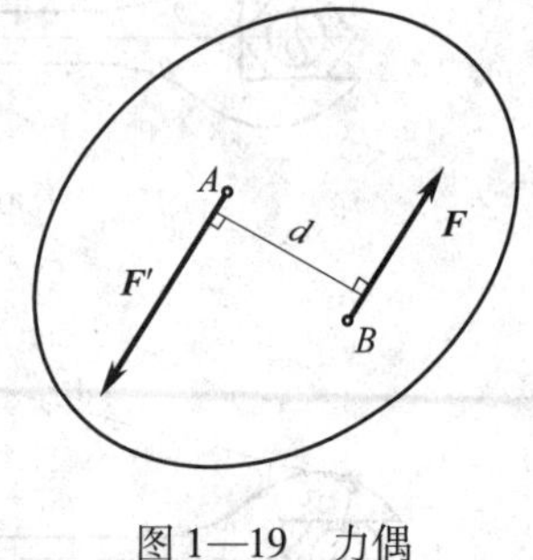

图1—19　力偶

力偶的大小用力偶矩来度量，力偶矩的大小等于力与力偶臂的乘积，即：

$$M = \pm Fd \tag{1—8}$$

式中　M——力偶矩，N·m；

d——力偶臂，两个平行力间的垂直距离，m。

平面内的力偶矩是一个代数量，其正负规定：逆时针转动为正，反之为负。

2. 力偶与力偶矩的性质

（1）力偶没有合力，既不能与一个力等效，也不能与一个力平衡。即：力偶对刚体只有转动效应，没有移动效应。力偶是一种不可能再简化的力系，它与力一样，是一种基本力学量。

（2）力偶对任意点取矩都等于力偶矩，与矩心位置无关。如图1—20所示，可得：

$$M_{O1}(F,F') = F(d + x_1) - F'x_1 = Fd$$

$$M_{O2}(F,F') = F'(d + x_2) - Fx_2 = Fd$$

由上式可看出，力偶对其作用面内任意一点的矩恒等于力偶矩，与矩心位置无关。

（3）只要保持力偶矩不变，力偶可在其作用面内任意移转，且可以同时改变力偶中力的大小与力偶臂的长短，对刚体的作用效果不变，如图1—21所示。

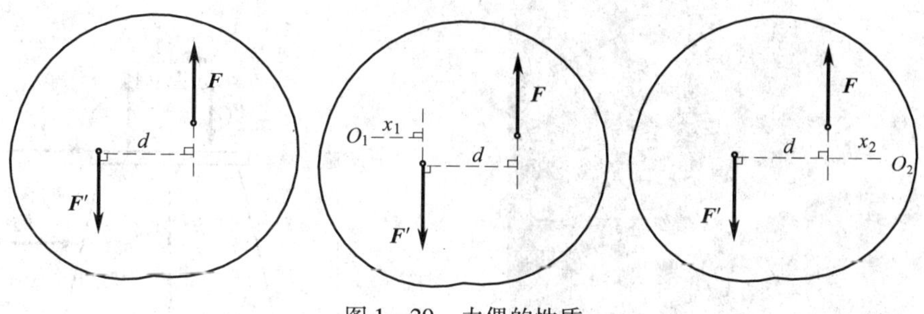

图 1—20　力偶的性质

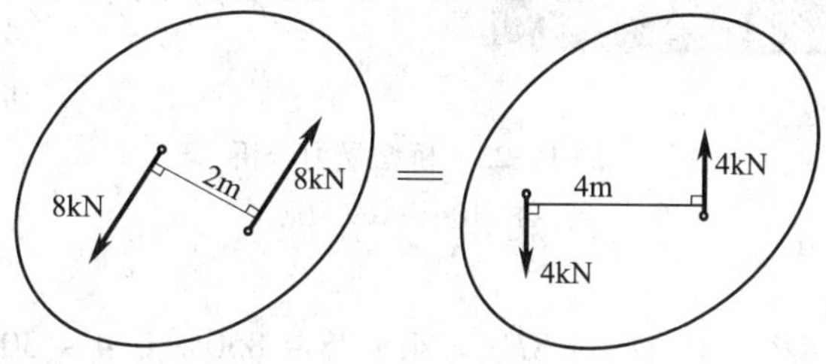

图 1—21　力偶的性质

3. 力偶在计算简图中的表示方法

力偶可以用一对力来表示（见图 1—19）；也可以用带箭头的弧线表示，箭头表示力偶的转向（见图 1—22）。

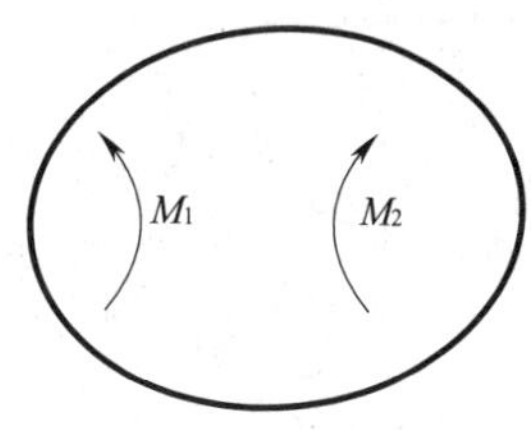

图 1—22　力学计算中力偶的表示

任务实施

使用力的基本计算知识对工作任务中提出的问题进行相应的计算。

图 1—10 中：$M = -Fa$（顺转）。

图 1—11 中：先按公式（1—4）计算出均布载荷的合力

$$F_q = ql = 10 \times 4 = 40 \text{ kN}（\downarrow）$$

合力作用在分布长度的中点处，那么力臂为 2 m。则：

$$M = -F_q \times 2 = -40 \times 2 = -80 \text{ kN} \cdot \text{m}(\text{顺转})$$

图 1—12 中：由合力矩定理可知

$$M = -10 \times 2 + 20 \times 4 - 40 \times 6 = -180 \text{ kN} \cdot \text{m}(\text{顺转})$$

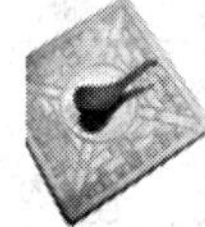

应用案例

案例　对如图 1—23a 所示的桥墩进行受力分析。假设桥墩顶部受到梁传来的竖向载荷 $\boldsymbol{P}_1 = 850$ kN，$\boldsymbol{P}_2 = 300$ kN，以及车辆传来的制动力 $\boldsymbol{F}_1 = 165$ kN；桥墩自重 $\boldsymbol{G} = 2\ 043$ kN；墩身受到的风力 $\boldsymbol{F}_2 = 78$ kN，其受力简图如图 1—23b 所示。求合力对 O 点的力矩。

a)

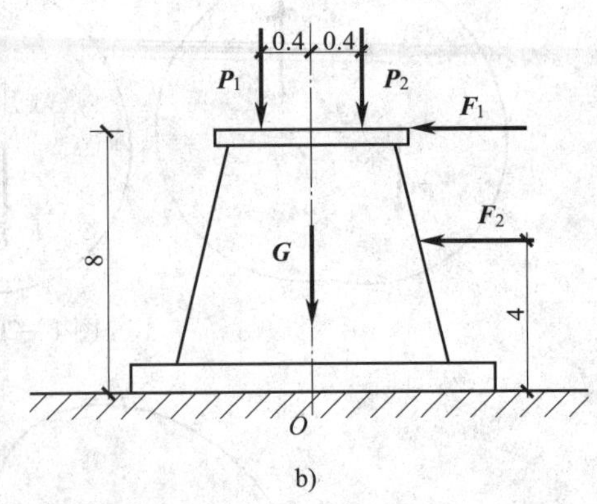

b)

图 1—23　桥墩受力分析

a）桥　b）桥墩受力简图

解：由合力矩定理

$$M_O(F) = 4F_2 + 0.4P_1 - 0.4P_2 + 8F_1 = 4 \times 78 + 850 \times 0.4 - 300 \times 0.4 + 165 \times 8$$
$$= 1\ 852\ \text{kN} \cdot \text{m}（逆转）$$

任务三　认识约束力

学习目标

1. 熟悉常见约束的类型及其受力特点。
2. 能画出约束的约束力。

工作任务

在生活中，有的物体可以自由运动而不受限制，如飞行的飞机、炮弹、小鸟等；而有些物体则会受到限制，如火车只能在轨道上跑，故宫一直在现在的位置而不能随意移动，建好的桥梁也不会移动。凡是使物体产生运动或运动趋势的力称为主动力。凡是限制物体运动的其他物体称为约束。从力学角度来看，约束对物体的作用，实际上就是力，这种力称为约束力，约束力的方向与被约束的物体所能阻碍的运动方向相反。本工作任务就是认识常见的约束，并能画出约束力。

工程中常见的约束类型如下：

一、柔性约束

绳索、链条、传动带等柔性物体用于阻碍物体的运动时，称为柔性约束。柔性约束的特点是只能限制物体沿着柔性物体伸长的方向的运动，而不能限制其他方向的运动。因此，柔性约束的约束力，作用点在接触点处，方向沿着柔性物体的中心线背离物体，恒为拉力。

如图 1—24 所示，细绳吊住重物，限制重物下落，细绳的约束力为 $\boldsymbol{T}$。

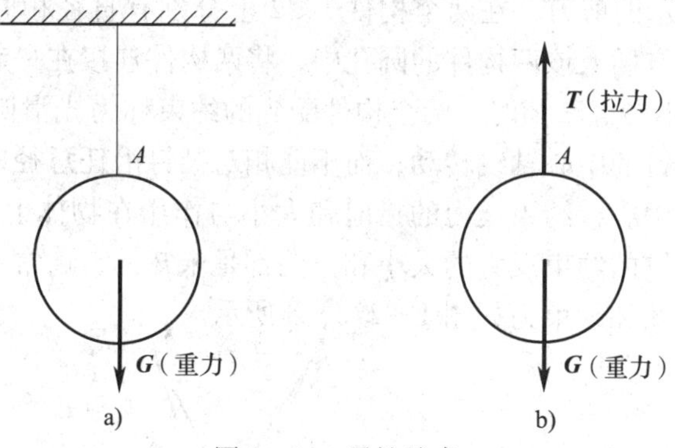

图 1—24　柔性约束

a）绳索约束　b）受力图

如图 1—25 所示的带传动中，带对轮的约束力也是拉力 $\boldsymbol{T}$。

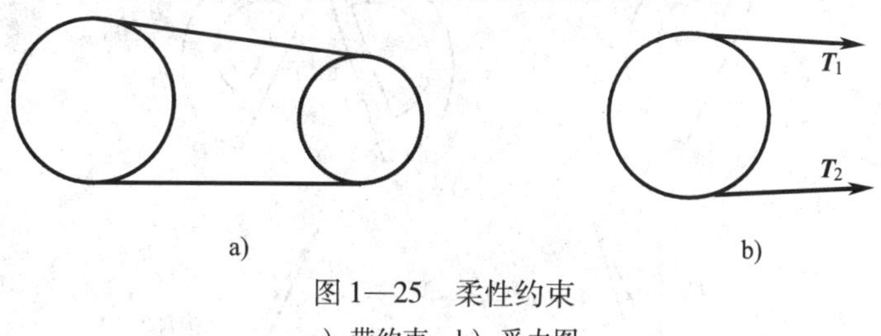

图 1—25　柔性约束

a）带约束　b）受力图

二、光滑接触面约束

物体受到光滑平面或曲面的约束称为光滑接触面约束。这类约束的特点是只能限制被约束物体沿接触点（面）处公法线方向的运动，不能限制物体沿其他方向的位移。因此约束反力作用在接触点，方向沿接触表面的公法线，并指向被约束物体，恒为压力。如图 1—26 所示中的约束力 $\boldsymbol{F}_{\mathrm{N}}$。

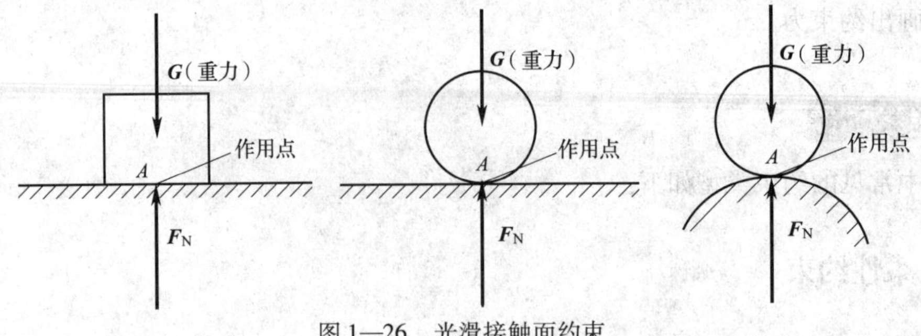

图 1—26　光滑接触面约束

三、光滑圆柱铰链约束

如图 1—27a、b 所示的剪刀，在两个构件 1、2 上分别有直径相同的圆孔，再将一直径略小于孔径的圆柱体销钉插入该两构件的圆孔中，将两构件连接在一起，这种连接称为铰链连接（简称铰接），当不考虑摩擦时，两个构件受到的约束称为光滑圆柱铰链约束。受这种约束的物体，只能绕销钉的中心轴线转动，而不能相对销钉沿任意径向方向运动。其约束反力作用线必然通过销钉中心，约束反力的指向和大小与作用在物体上的其他力有关，所以，一般情况下光滑圆柱铰链的约束反力的大小和方向都是未知的，通常用大小未知的两个垂直分力表示。剪刀计算简图和约束力如图 1—27c、d 所示。

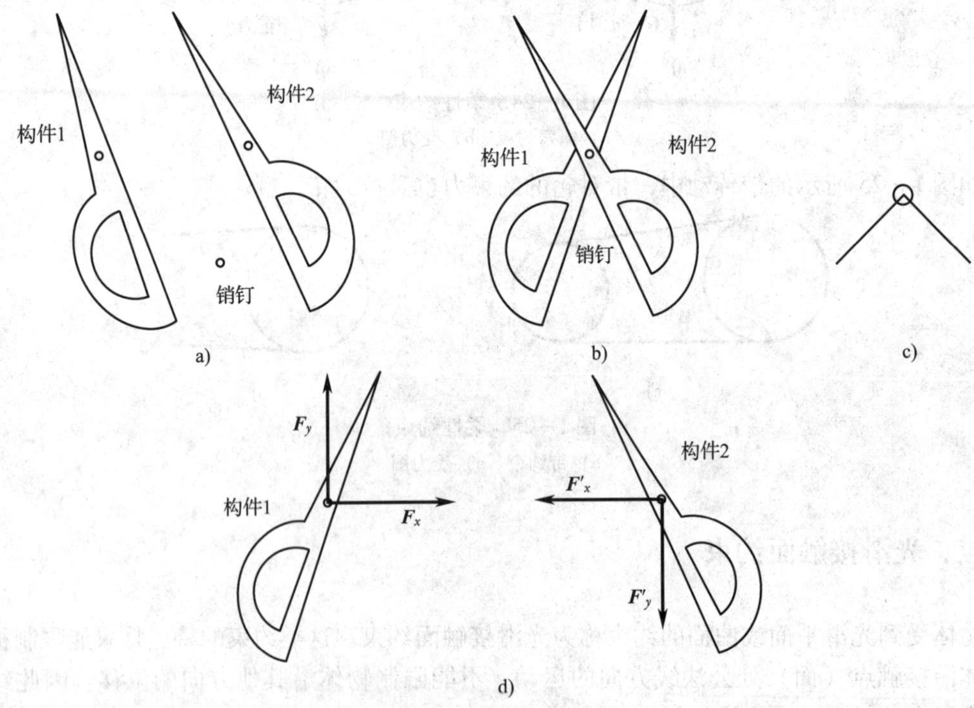

图 1—27　光滑圆柱铰链约束

a）剪刀分解图　b）剪刀组合图　c）计算简图（铰接）　d）受力图

桥梁结构中，桁架各杆的连接也属于铰接。如图 1—28 所示的桥梁结构，桥面和拱之间的各杆件的连接均属于铰接。

图 1—28 桥梁

四、支座

在桥梁工程中，常常将结构或构件连接在基础或其他支撑物上的装置，称为支座。支座对于结构或构件来说就是一种约束，支座对结构或构件的约束力称为支座反力。桥梁工程中常见的支座有固定铰支座、活动铰支座和固定支座。

1. 固定铰支座

固定铰支座约束可认为是光滑圆柱铰链约束的演变形式，两个构件中有一个固定在基础或其他物体上，其结构图如图 1—29a 所示，计算简图如图 1—29b 所示。这种支座能限制构件沿销钉任何方向的移动，但不能限制其转动。支座反力的作用线不能预先确定，可以用大小未知的两个垂直分力表示（见图 1—29c）。固定铰支座的计算简图的其他表现形式及受力图如图 1—30 所示。

2. 活动铰支座

在桥梁结构中，常采用活动铰支座。如图 1—31a 所示的活动铰支座，计算简图如 1—31b 所示，这种支座可以沿支撑面滚动。这种约束的特点是只能限制构件沿垂直于支撑面方向的移动，而不能限制构件绕支座转动和沿支撑面方向的移动。光滑接触面的约束反力垂直于支撑面，其方向可能指向构件，也可能背离构件，视主动力情况而定（见图 1—31c）。

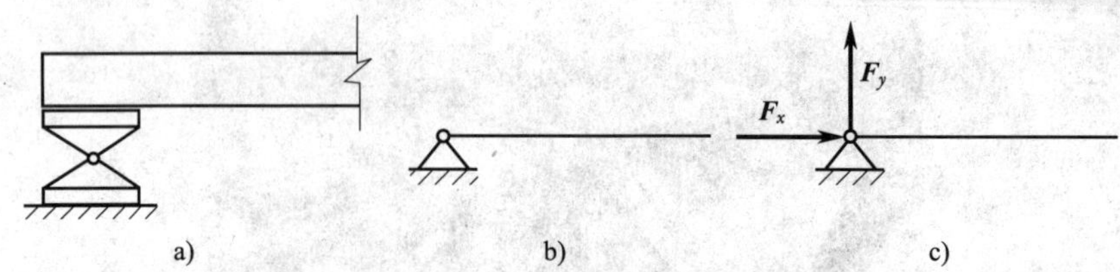

图 1—29　固定铰支座

a）固定铰支座结构图　b）固定铰支座计算简图　c）固定铰支座受力图

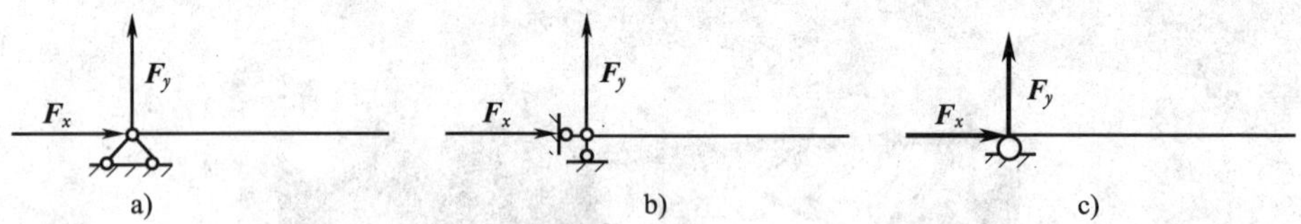

图 1—30　固定铰支座其他形式的计算简图及受力图

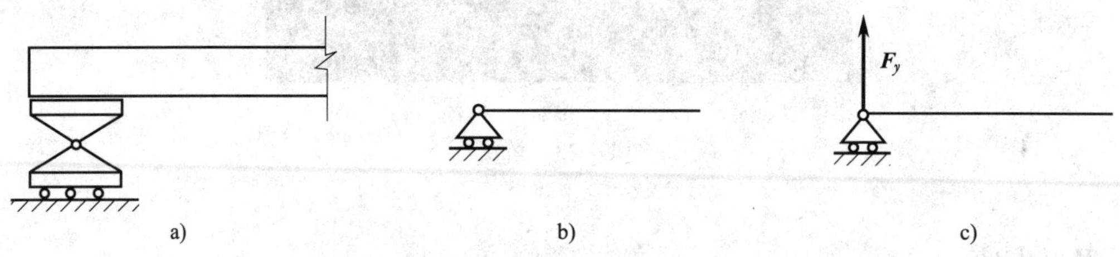

图 1—31　活动铰支座

a）活动铰支座构造图　b）活动铰支座计算简图　c）活动铰支座受力图

活动铰支座的计算简图的常见表示形式及受力图如图 1—32 所示。

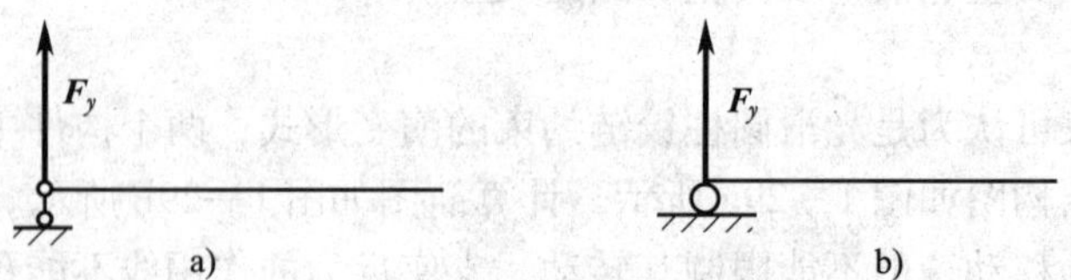

图 1—32　活动铰支座其他形式的计算简图及受力图

3．固定支座

房屋建筑中的阳台，一端嵌固在墙壁内，一端悬空（见图 1—33a），这样的支座称为固定支座，其计算简图如图 1—33b 所示。固定支座限制嵌固端在任何方向的移动和转动。所以，它除了产生水平和竖向约束力外，还产生一限制转动的约束力偶。阳台支座反力如图

1—33c 所示，但 F_{Ax}、F_{Ay} 的指向待定，力偶 M 的转向待定。

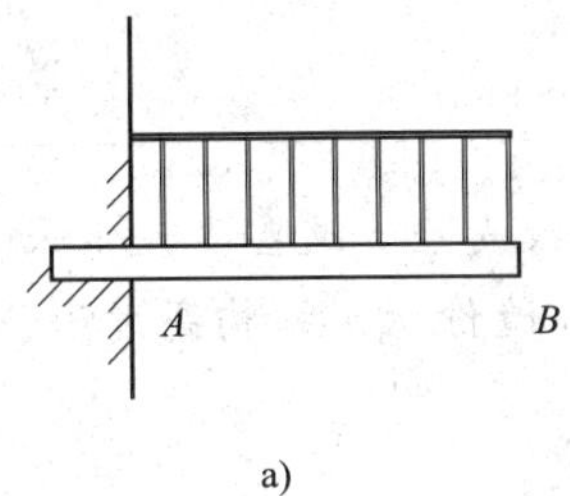

a)

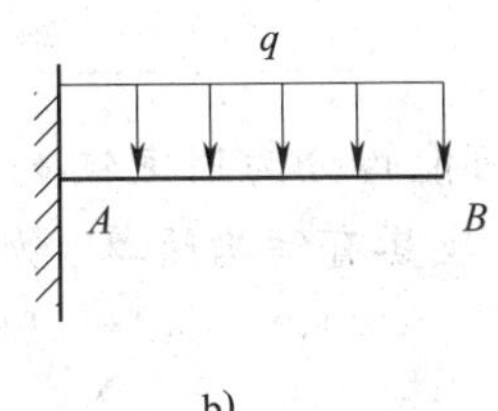

b)

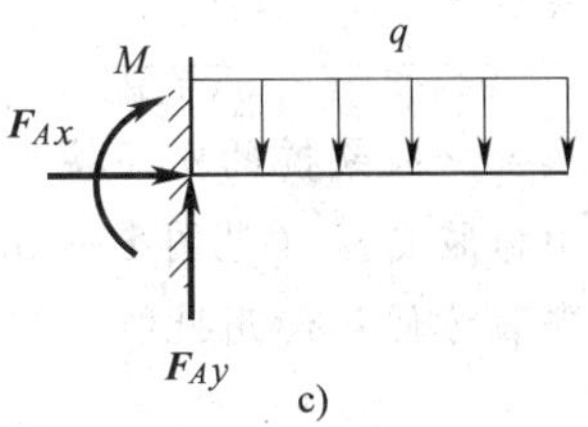

c)

图 1—33 固定支座

a）阳台 b）计算简图 c）受力图

在梁桥中，桥的上部结构与桥梁墩台间采用支座相连（见图 1—34a）。图 1—34a 所示结构属于简支梁，支座可以简化为一个活动铰支座和一个固定铰支座。任意两个桥墩之间的梁及支座的简图如图 1—34b 所示。

a)

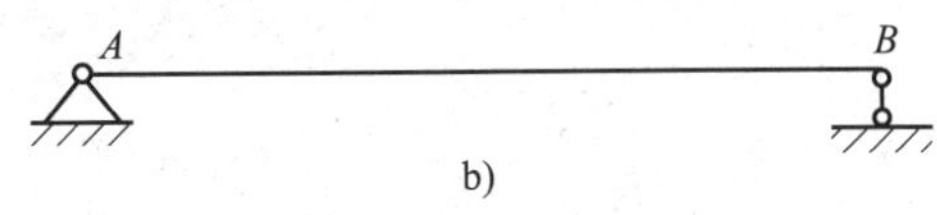

b)

图 1—34 桥梁及支座

a）桥梁及支座 b）桥梁及支座的简图

一般梁桥的支座按支座变形的可能性分为固定铰支座和活动铰支座。这些支座常采用橡胶支座（见图 1—35）。橡胶支座具有结构简单、加工方便、造价低、结构高度小、安装方便和使用性能良好等特点。

a)

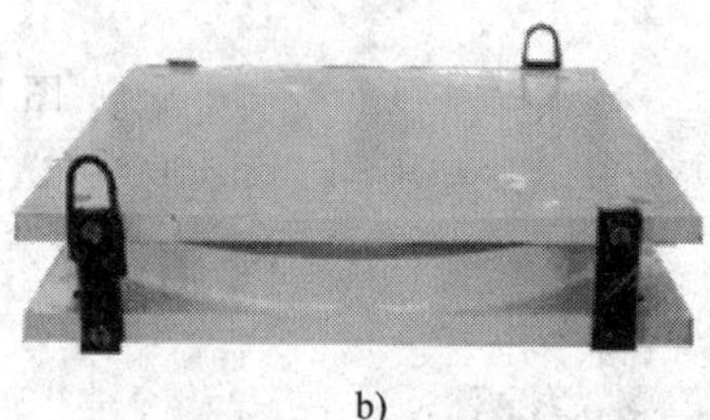

b)

图 1—35　公路桥梁橡胶支座

a）公路桥梁板式橡胶支座　b）公路桥梁盆式橡胶支座

任务四　画杆件的受力图

能对工程构件（如桥梁、桥墩、基础等）进行受力分析，并能画受力图。

会对物体进行受力分析并画出受力图是力学的基础，也是进行力学计算的基础。本任务的要求是：对图 1—36 中的拱桥进行受力分析，并画出受力图。

图 1—36　拱桥

一、单个物体的受力分析

1. 受力分析的思路

(1) 取研究对象。取物体为研究对象。

(2) 针对研究对象画受力图

1) 先画主动力。

2) 再画约束力。应先画作用线已知的约束力。

2. 受力分析实例

例　对图 1—37a 中的物体进行受力分析，画出受力图（不考虑桌面的摩擦）。

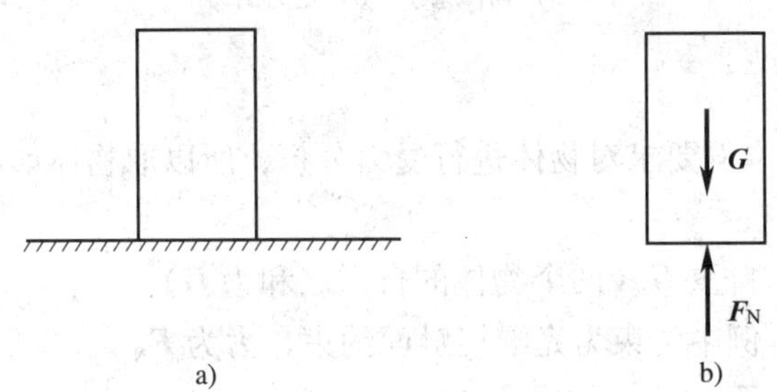

图 1—37　物体及受力图

a) 物体　b) 受力图

分析过程如下：

(1) 取研究对象。本例要求对物体进行受力分析，所以取物体如图 1—37b 所示。

(2) 画受力图

1) 先画主动力——自重 $\boldsymbol{G}$。

2) 再画约束力。本例中约束为光滑接触面约束，力为 $\boldsymbol{F}_{\mathrm{N}}$。受力如图 1—37b 所示。

二、物体系统的受力分析

物体系统相对于单个物体来说，是由两个或两个以上的物体组成的。其受力分析思路与单个物体的分析思路基本相同。

1．受力分析的思路

（1）取研究对象。取物体系统为研究对象。

（2）针对研究对象画受力图

1）先画主动力。

2）再画约束力。只画系统外部的物体对系统的约束力，不画系统内部的约束力，因为系统内部的约束力属于作用力与反作用力，相互抵消了。

2．受力分析实例

例 如图 1—38a 所示，物体系统由两个物体组成，画出此物体系统的受力图（不考虑桌面的摩擦）。

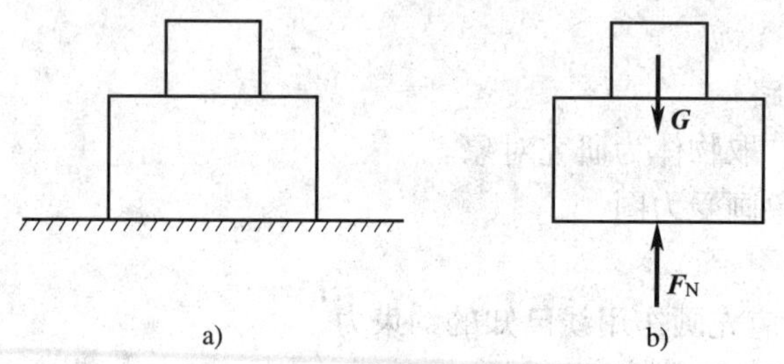

图 1—38 物体系统及受力图

a）物体系统 b）受力图

分析过程如下：

（1）取研究对象。本例要求对物体进行受力分析，所以取物体如图 1—38b 所示。

（2）画受力图

1）先画主动力——自重 $\boldsymbol{G}$（两个物体的自重之和为 $\boldsymbol{G}$）。

2）再画约束力。本例中约束为光滑接触面约束，力为 $\boldsymbol{F}_N$。

受力如图 1—38b 所示。

任务实施

结合实际结构，将力的分析思路与工作任务相结合，对物体进行相应的受力分析。工作任务图 1—36 中拱桥的受力分析如下：

1．画计算简图，如图 1—39a 所示。

2．取研究对象拱 *AB*。

3. 画受力图

（1）先画主动力——自重 q。

（2）画约束力。A 处是固定铰支座，B 处是活动铰支座，受力图如图 1—39b 所示。

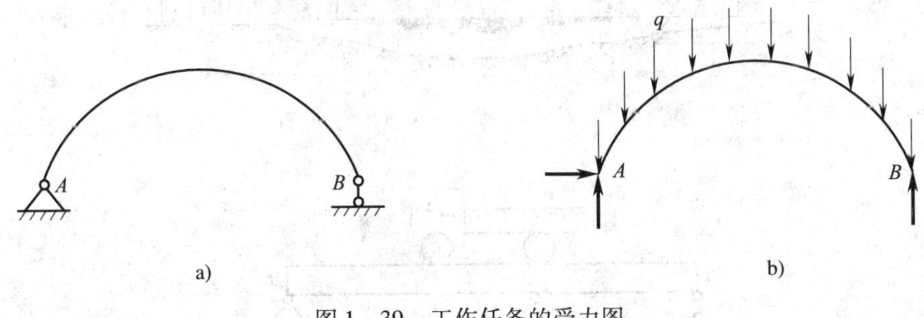

图 1—39 工作任务的受力图

a）计算简图 b）受力图

应用案例

案例 1 对图 1—40a 中的平衡杆 AB 进行受力分析，并画受力图（不计杆件的自重）。

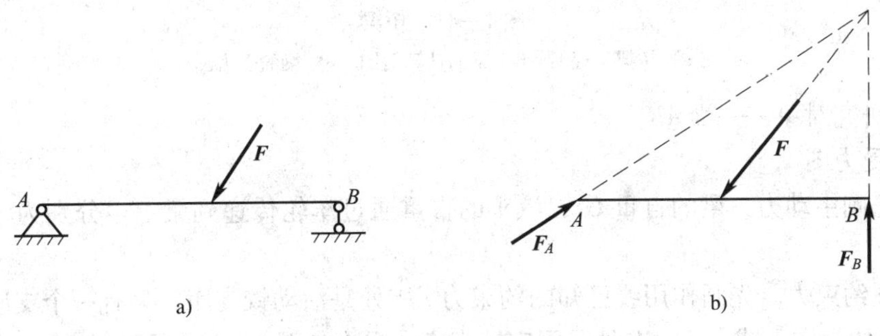

图 1—40 受力图

a）原结构 b）受力图

1. 取研究对象——杆 AB

2. 画受力图

（1）先画主动力 $\boldsymbol{F}$。

（2）画约束力。先画作用线已知的约束力。B 处是活动铰支座，只有一个支座反力，作用线如图 1—40b 中 $\boldsymbol{F}_B$，力的指向可以假设向上或向下。A 处是固定铰支座，根据三力平衡汇交定理，可以确定其作用线。受力图如图 1—40b 所示。

案例 2 对图 1—41 中的桥梁进行受力分析，并画受力图。已知桥梁的自重为 $\boldsymbol{G}_1$，汽车的自重为 $\boldsymbol{G}_2$。

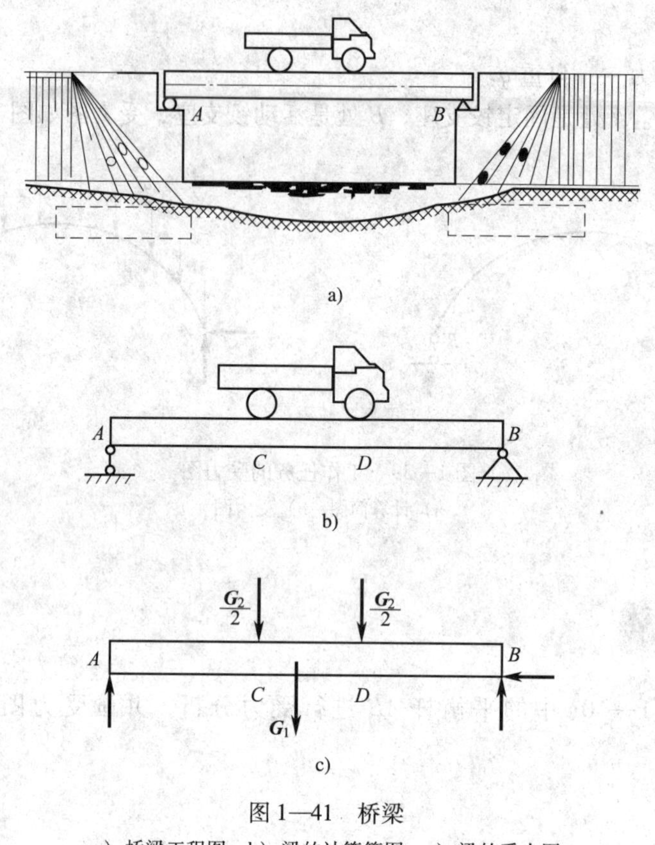

图 1—41　桥梁

a）桥梁工程图　b）梁的计算简图　c）梁的受力图

1．取研究对象——梁 *AB*。

2．画受力图

（1）先画主动力。梁的自重 $\boldsymbol{G}_1$；汽车的自重通过车轮传递到梁上，分别为汽车自重的一半。

（2）画约束力。先画作用线已知的约束力。*A* 处是活动铰支座，只有一个支座反力，力的指向可以假设向上或向下。*B* 处是固定铰支座，受力如图 1—41c 所示。

案例 3　如图 1—42 所示重力坝结构，水位如图所示。已知坝体的重心，忽略扬压力。对坝体进行受力分析并画出受力图。

1．取研究对象如图 1—42b 所示。由于重力坝较长，横断面相同，其受力情况沿长度方向基本相同，所以工程上的一般做法是沿长度方向截取 1 m 的坝体为研究对象。

2．画受力图

（1）先画主动力。主动力有两个：1 m 长的坝体的自重 $\boldsymbol{G}$，通过坝体的重心；水压力，坝底的水压力为 $\boldsymbol{q}$，$q = \gamma \times H \times 1 = \gamma H$［$\gamma$ 为水的容重，1 为所截取的坝体的长度（1 m）］。

（2）画约束力。基础给坝体的支撑力 $\boldsymbol{F}_{\mathrm{N}}$，通过坝体底面的中心。

案例 4　分别对图 1—43a 中的梁 *AB*、*BC* 及整个系统进行受力分析，并画受力图（不计梁的自重）。

1. 画杆 BC 的受力图，如图 1—43b 所示。

2. 画杆 AB 的受力图。杆 AB 的 B 处所受的力与杆 BC 的 B 处受力为作用力与反作用力。受力图如图 1—43c 所示。

3. 画出整个系统的受力图。B 处的约束力相对于系统是内部力，不画其受力。受力图如图 1—43d 所示。

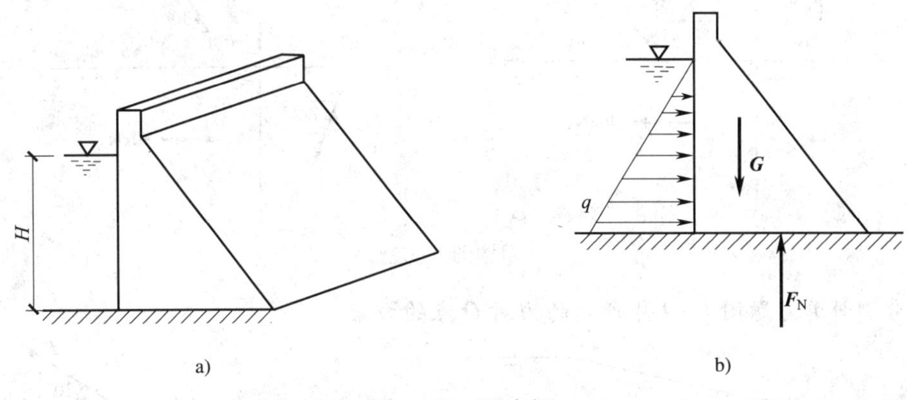

图 1—42 重力坝

a）重力坝工程图 b）重力坝受力图

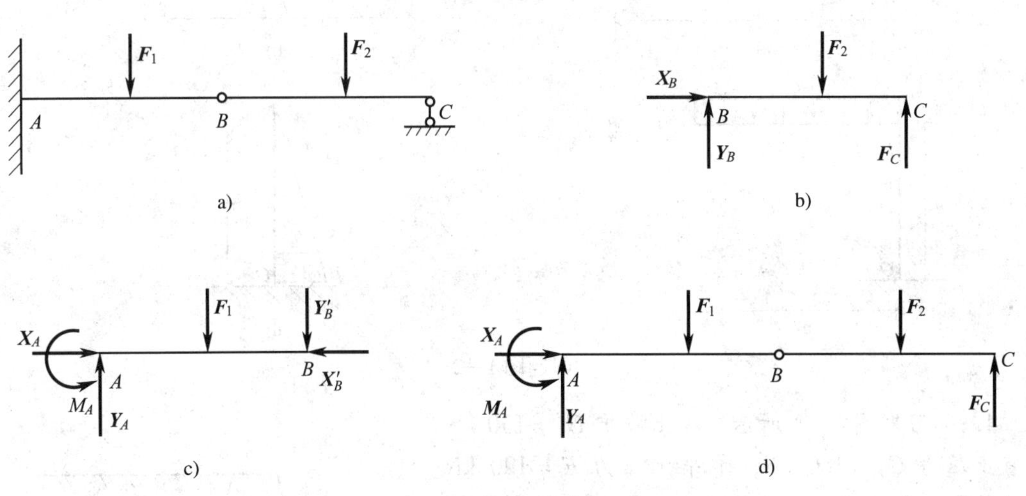

图 1—43 系统及受力图

a）原结构 b）杆 BC 受力图 c）杆 AB 受力图 d）整个系统受力图

思考与练习

1. 以下说法是否正确？如不正确，试说明理由。

（1）在同一平面内作用线汇交于一点的三个力构成的力系必定平衡。

（2）在刚体上加上（或减去）一个任意力，对刚体的作用效应不会改变。

（3）绳索的约束力，其作用线是沿着绳索的中心线，指向可以假设。

（4）作用力与反作用力是二力平衡的一种形式。

2. 计算习题图 1—1 中的合力在直角坐标系中的投影。

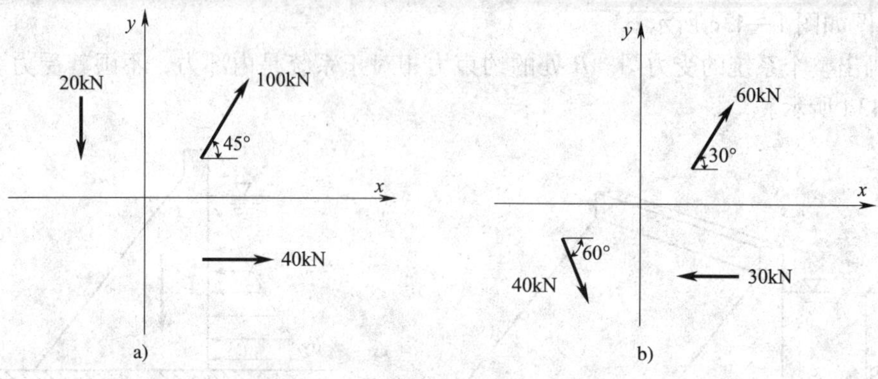

习题图 1—1

3. 分别计算习题图 1—2 中所示的力对 O 点的力矩。

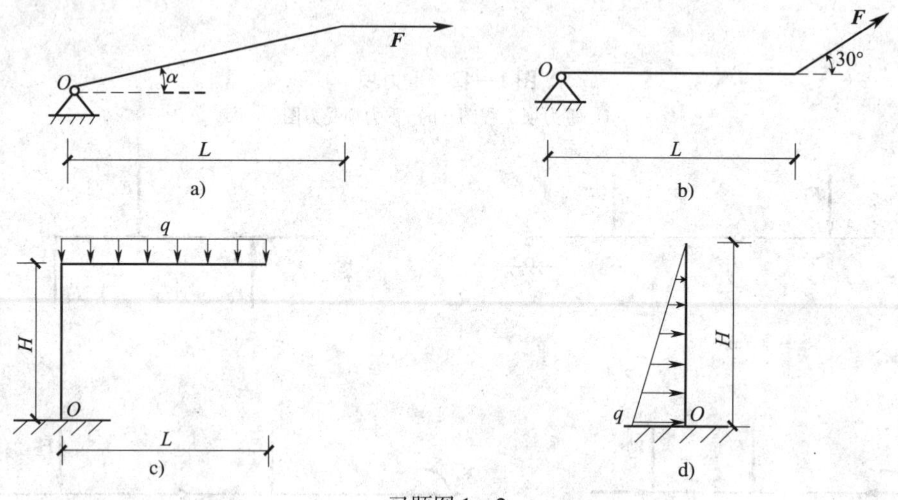

习题图 1—2

4. 如习题图 1—3 所示，挡土墙重 $\boldsymbol{G}_1 = 130$ kN，垂直土压力 $\boldsymbol{G}_2 = 180$ kN，水平土压力 $\boldsymbol{F} = 120$ kN。试计算这三个力对挡土墙前趾 A 点的合力矩。

5. 预应力构架式台座，尺寸如习题图 1—4 所示。已知作用于每 1 m 台座上的张拉力 $\boldsymbol{T} = 50$ kN，台座及土的自重力 $\boldsymbol{G} = 85$ kN，土压力 $\boldsymbol{P} = 69$ kN，摩擦力 $\boldsymbol{F} = 30$ kN，试计算这四个力的合力对 O 点的力矩。

6. 画出习题图 1—5 中平衡杆件的受力图。图中未画重力的各物体的自重忽略不计，所有接触处均为光滑接触。

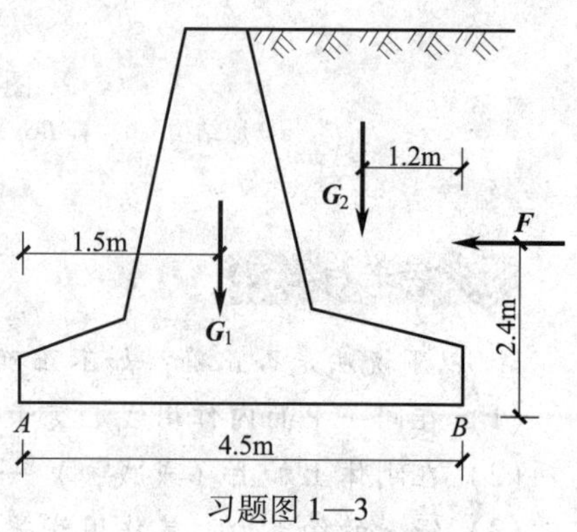

习题图 1—3

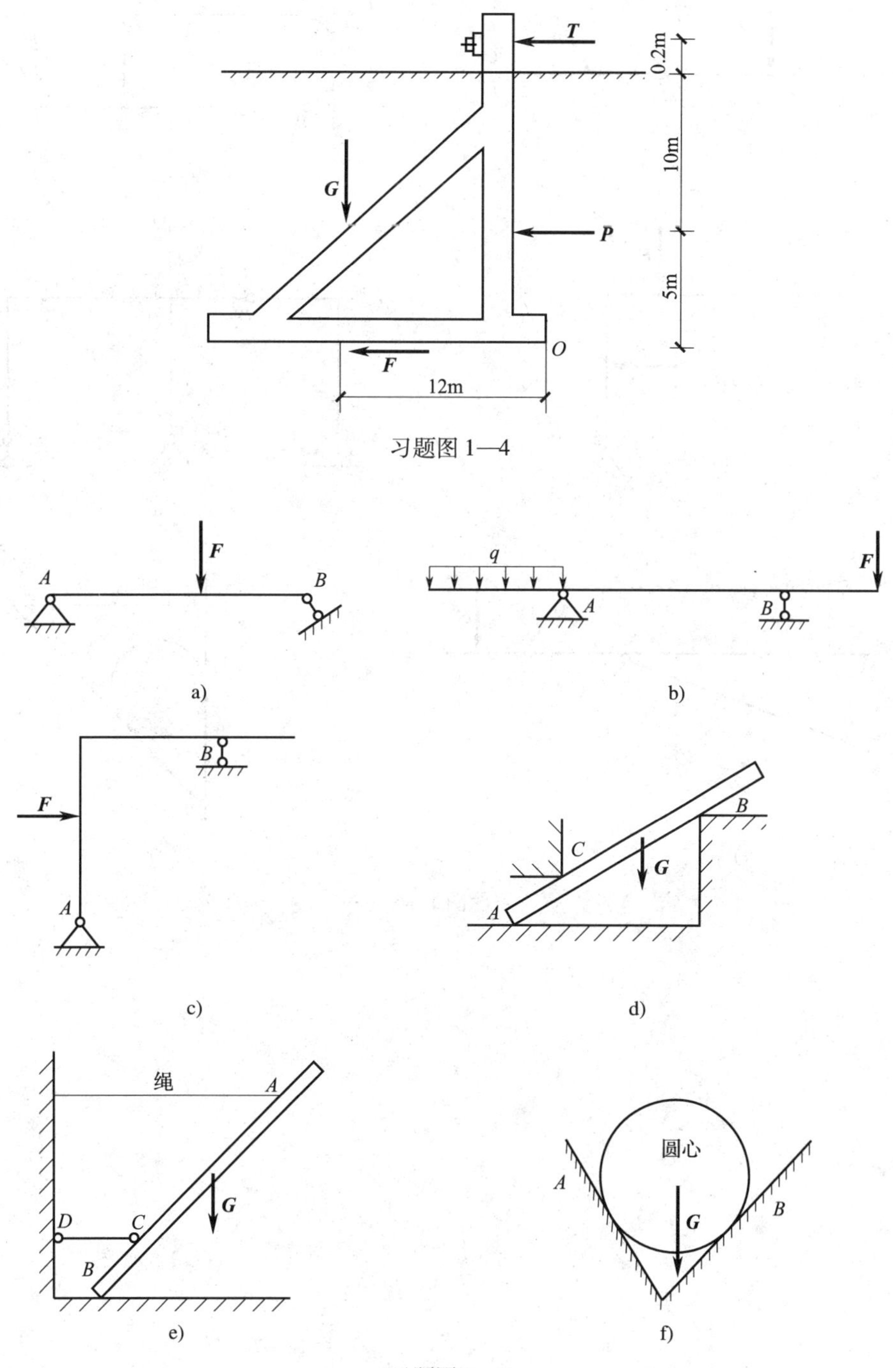

习题图 1—4

习题图 1—5

7. 画出习题图 1—6 中各杆的受力图和系统的受力图。图中未画重力的各物体的自重忽略不计，所有接触处均为光滑接触。（注：体系为平衡体系）

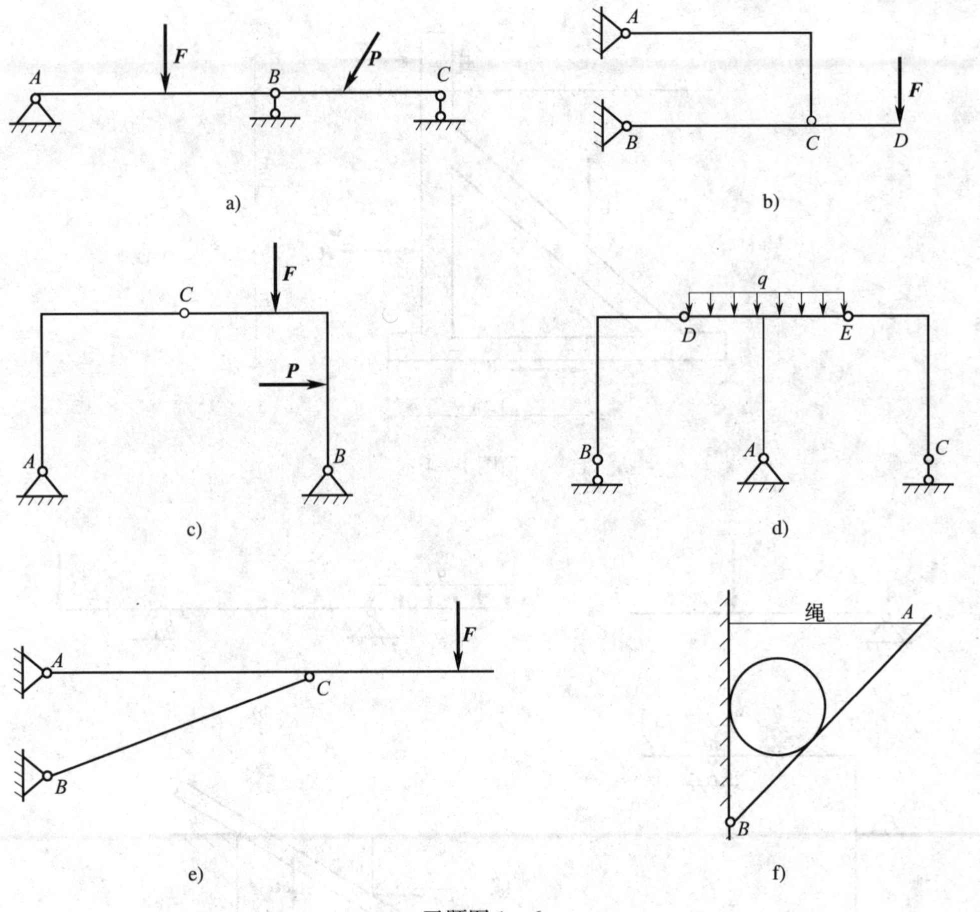

习题图 1—6

模块二

平面力系的合成与平衡

任务一　平面汇交力系的合成与平衡分析

1. 了解平面汇交力系合成的几何法，掌握平面汇交力系合成的解析法。
2. 掌握平面汇交力系的平衡条件。
3. 能对平面汇交力系进行平衡分析，并能计算相应的力。

工程中的结构都会受到多个复杂力的作用，为了便于分析和计算，一般会对结构和受力进行简化，然后再进行分析和计算。力系的简化和计算也是静力学的重要任务。本任务要求：计算图2—1所示起重设备中杆 AC 和 BC 的受力（不计杆的自重）。

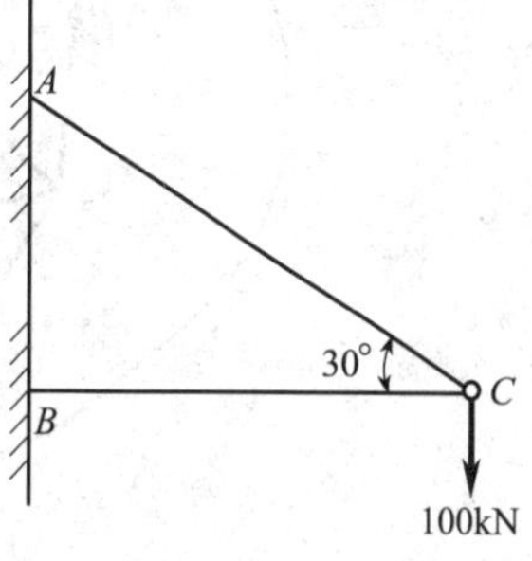

图 2—1　起重设备受力图

一、力系的分类

根据力系中诸力的作用线在空间的分布情况，可将力系进行分类。力的作用线均在同一平面内的力系称为平面力系，力的作用线不在同一平面内的力系称为空间力系。平面力系又常分为平面汇交力系、平面力偶力系和平面一般力系。若诸力的作用线均在同一平面内且汇交于同一点，则该力系称为平面汇交力系；若组成平面力系的力都是力偶，这样的力系称为平面力偶力系；若诸力的作用线均在同一平面内，但力的作用线的分布是任意的，既不相交于一点，也不都相互平行，这样的力系称为平面一般力系。

二、平面汇交力系的合成

1．平面汇交力系合成的几何法

如图 2—2 所示，在物体上作用有汇交于 A 点的力 $\boldsymbol{F}_1$，$\boldsymbol{F}_2$，…，$\boldsymbol{F}_n$共 n 个力，求此汇交力系的合力。

根据力的三角形法则，将各力依次合成，即：$\boldsymbol{F}_1$与 $\boldsymbol{F}_2$合成得 $\boldsymbol{F}_{R1}$，然后将 $\boldsymbol{F}_{R1}$与 $\boldsymbol{F}_3$合成得 $\boldsymbol{F}_{Rn-1}$，依次进行，最后将 $\boldsymbol{F}_{Rn-1}$与 $\boldsymbol{F}_n$合成得 $\boldsymbol{F}_R$，$\boldsymbol{F}_R$为最后的合成结果，即原力系的合力，如图 2—2b 所示即是平面汇交力系的几何示意图。平面汇交力系合力的矢量表达式为：

$$\boldsymbol{F}_R = \boldsymbol{F}_1 + \boldsymbol{F}_2 + \cdots + \boldsymbol{F}_n = \sum F_i \tag{2—1}$$

以上合成的几何方法称为力的多边形法则。实际运用时，中间的合力可不必作出，只需按照相应的比例，将力依次首尾相连，而合力 $\boldsymbol{F}_R$的方向即为第一个力的首端指向最后一个力的尾端。

结论：通过上述过程可知，平面汇交力系的合成结果为一个合力，合力的大小和方向由各力的矢量和确定，作用线通过汇交点。

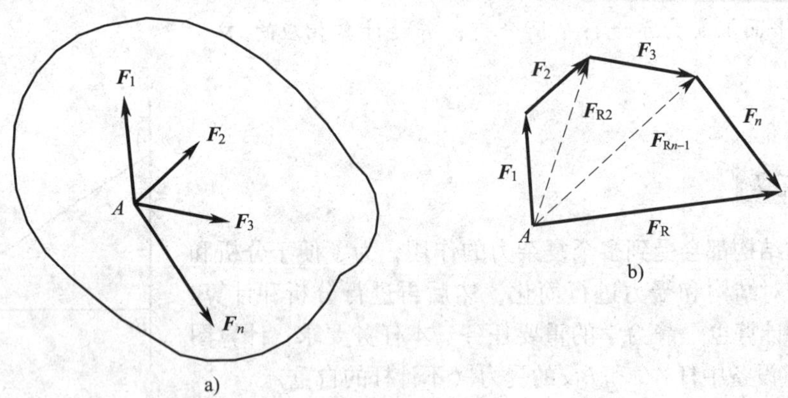

图 2—2　力多边形

2．平面汇交力系合成的解析法

如图 2—3a 所示的平面汇交力系，用解析法求该汇交力系的合力。先建立直角坐标系，然后根据合力投影定理，该汇交力系的合力在直角坐标轴上的投影等于各分力在该坐标轴上投影的代数和，即：

$$F_{Rx} = F_{1x} + F_{2x} + \cdots + F_{nx} = \sum F_{ix}$$

$$F_{Ry} = F_{1y} + F_{2y} + \cdots + F_{ny} = \sum F_{iy} \tag{2—2}$$

合力 F_R的大小、方向为：

$$F_R = \sqrt{F_{Rx}^2 + F_{Ry}^2}$$

$$\cos\alpha = \frac{F_{Rx}}{F_R}$$

式中 F_{Rx}，F_{Ry}——各分力在 x 轴和 y 轴上的投影；

F_{1x}，F_{2x}，…，F_{nx}和 F_{1y}，F_{2y}，…，F_{ny}——各分力在 x 轴和 y 轴上的投影；

α——F_R与 x 轴的夹角。

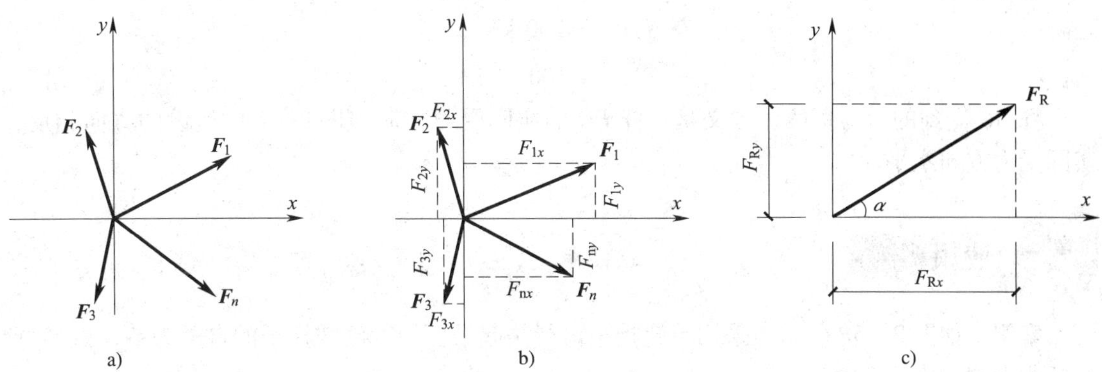

图 2—3 解析法求平面汇交力系的合力

a）平面汇交力系 b）分力在轴上的投影 c）合力在轴上的投影

三、平面汇交力系的平衡条件及平衡方程

平面汇交力系简化的结果为一合力，若想平衡，只能是合力为零，所以平面汇交力系平衡的充分必要条件是合力 F_R等于零。即：

$$F_R = \sqrt{F_{Rx}^2 + F_{Ry}^2} \tag{2—3}$$

因为式中：F_{Rx}^2和 F_{Ry}^2恒为正值，所以要使上式成立，必须同时满足：

$$\begin{cases} F_{Rx} = \sum F_{ix} = 0 \\ F_{Ry} = \sum F_{iy} = 0 \end{cases} \tag{2—4}$$

式（2—4）称为平面汇交力系的平衡方程。这两个方程是相互独立的，只能求出两个未知量。

结合实际结构，先对工作任务中要求分析的物体进行受力分析，然后建立直角坐标系，最后用平衡方程求解未知量。

对图 2—1 所示力系进行分析及计算：

1. 取研究对象为点 C 并画受力图，如图 2—4 所示（注：画受力图时，已知实际方向的力画实际方向，未知方向的力画实际作用线，但箭头指向可以假设）。

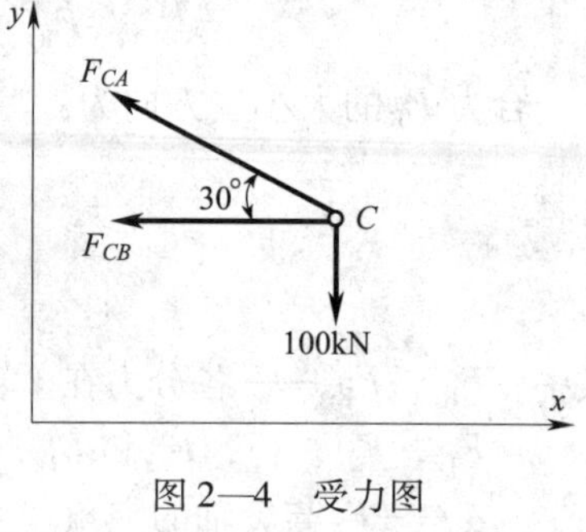

图 2—4　受力图

2. 建立直角坐标系，如图 2—4 所示。

3. 列平衡方程，计算杆 AC 和 BC 受到的力。

$$F_{Ry}=0\Rightarrow F_{Ry}=F_{CA}\sin 30°-100=0$$

$$F_{Rx}=0\Rightarrow F_{Rx}=F_{CA}\cos 30°+F_{CB}=0$$

解方程得：

$$F_{CA}=200\ \text{kN}$$

$$F_{CB}=-100\sqrt{3}\ \text{kN}$$

杆 BC 受到的力为负值，含义是：杆 BC 的实际受力方向与图 2—4 中假设的方向相反，实际受力方向水平向右。

应用案例

案例　如图 2—5a 所示为采用单轨抬吊滑行法起吊柱子，已知柱子的自重为 $\boldsymbol{G}$，试计算吊杆所受到的力。

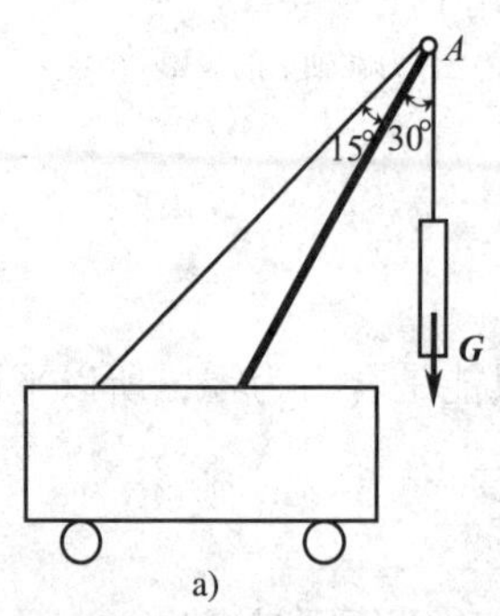

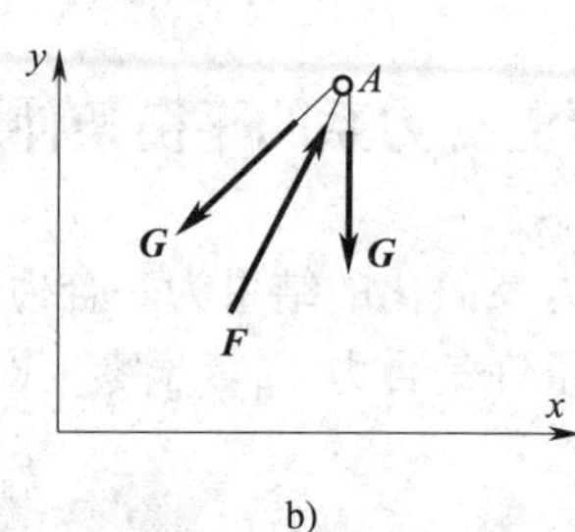

图 2—5　柱子起吊图

a）单轨抬吊滑行法　b）受力图

解：1. 取研究对象点 A 并画受力图，如图 2—5b 所示。

2. 建立直角坐标系，如图 2—5b 所示。

3. 列平衡方程，计算力。

（1）由于 A 是滑轮，所以绳索受到的拉力与柱子的自重相等，等于 $\boldsymbol{G}$。

（2）列平衡方程：

$$F_{Rx}=0\Rightarrow F_{Rx}=F\sin30°-G\cos45°=0$$

解方程得：

$$F=\sqrt{2}G$$

任务二　平面力偶力系的合成与平衡分析

1. 掌握平面力偶力系的合成方法。
2. 能对平面力偶力系进行平衡分析，并能计算相应的力。

基础施工时，旋挖钻机受到的力是力偶；拧螺钉时，螺钉受到的力也是力偶；电动机的转轴和汽车的方向盘受到的力也是力偶。这些物体受力体系都属于力偶力系。本任务要求：分析并计算图 2—6 所示结构的支座反力（不计杆的自重）。

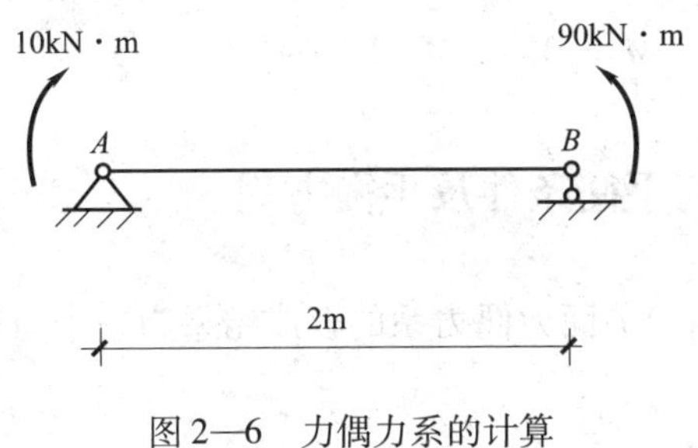

图 2—6　力偶力系的计算

一、平面力偶力系的合成

若在刚体的同一平面内作用有两个力偶（$\boldsymbol{F}_1$，$\boldsymbol{F}'_1$）和（$\boldsymbol{F}_2$，$\boldsymbol{F}'_2$），这两个力偶的力偶臂各为 d_1 和 d_2（见图 2—7a），力偶矩分别为 M_1 和 M_2，求它们的合成结果。

根据力偶的性质，保持每个力偶矩大小和方向不变，同时改变这两个力偶的力的大小和力偶臂的长短，使它们具有相同的力偶臂 d，并将它们在平面内移动，使力的作用线重合，得到与原来力偶等效的两个新力偶（$\boldsymbol{F}_3$，$\boldsymbol{F'}_3$）和（$\boldsymbol{F}_4$，$\boldsymbol{F'}_4$），如图 2—7b 所示。即：

$$M_1 = F_1 d_1 = F_3 d$$

$$M_2 = F_2 d_2 = F_4 d$$

分别将图 2—7b 中的力合成（设 $F_3 > F_4$），得：

$$F = F_3 - F_4$$

$$F' = F'_3 - F'_4$$

$\boldsymbol{F}$ 和 $\boldsymbol{F'}$构成了与原力偶系等效的合力偶（$\boldsymbol{F}$，$\boldsymbol{F'}$），如图 2—7c 所示。以 $\boldsymbol{M}$ 表示合力偶矩，即：

$$M = Fd = (F_3 - F_4)\ d = F_3 d - F_4 d = M_1 + M_2$$

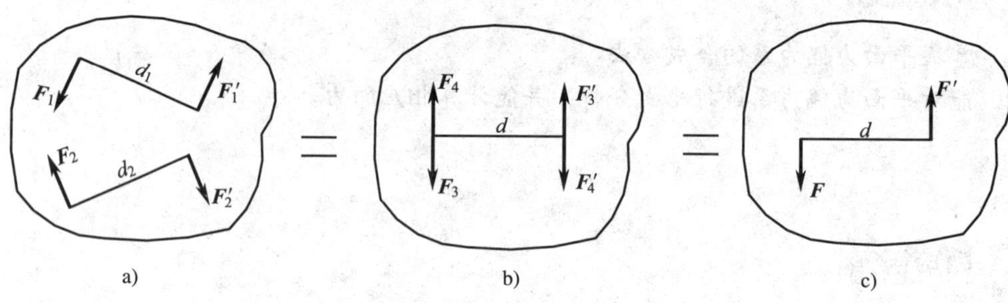

图 2—7　平面力偶力系的合成

以此类推，如果作用有两个以上的平面力偶，则可以按上述方法合成。即：作用在同一平面内的任意 n 个力偶可以合成为一个力偶，其合力偶矩等于各个力偶矩的代数和。公式为：

$$M = M_1 + M_2 + \cdots + M_n = \sum M_i \qquad (2—5)$$

二、平面力偶力系的平衡条件及平衡方程

由上面的合成结果可知，平面力偶力系的合成结果为一个力偶，所以平面力偶力系的平衡条件是其合力偶等于零。

平衡方程为：

$$M = M_1 + M_2 + \cdots + M_n = \sum M_i = 0 \qquad (2—6)$$

结合实际结构，先对工作任务中要求分析的物体进行受力分析，然后用平衡方程求解未知量。

对图 2—6 所示力系进行分析及计算：

1．取研究对象并画受力图，如图 2—8 所示。

根据受力图可知，本力系是力偶力系，所以 $\boldsymbol{F}_A$ 与 $\boldsymbol{F}_B$大小相等，构成一个力偶。

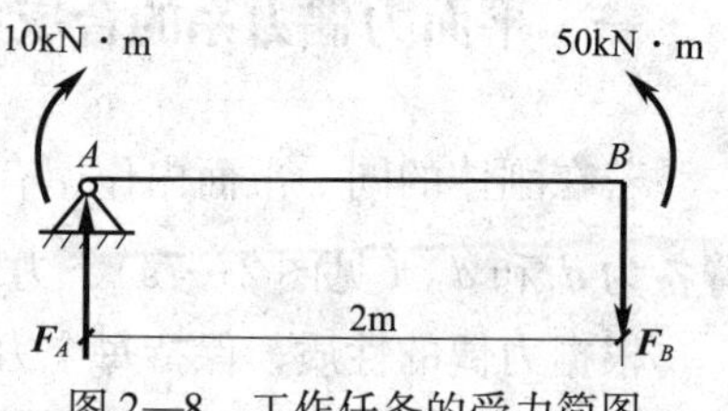

图 2—8　工作任务的受力简图

2. 列平衡方程并计算（平衡方程应用时，逆转相加，顺转相减）。

$$M = \sum M_i = 0$$

$$50 - 10 - F_A \times 2 = 0$$

$$F_A = 20\ \text{kN}(\uparrow)$$

$$F_B = 20\ \text{kN}(\downarrow)$$

案例 分析并计算图 2—9a 所示结构的支座反力（不计杆的自重）。

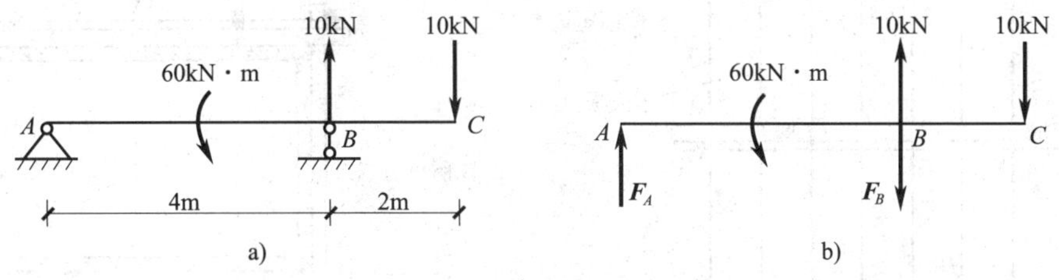

图 2—9 计算图

a）原结构 b）受力图

解： 1. 取研究对象并画受力图，如图 2—9b 所示。

因为本力系是力偶力系，所以 $\boldsymbol{F}_A$ 与 $\boldsymbol{F}_B$ 大小相等，构成一个力偶。

2. 列平衡方程并计算。

$$M = \sum M_i = 0$$

$$60 - 10 \times 2 - F_A \times 4 = 0$$

$$F_A = 10\ \text{kN}(\uparrow)$$

$$F_B = 10\ \text{kN}(\downarrow)$$

任务三 平面一般力系的合成与平衡分析

1. 掌握平面一般力系的合成方法。
2. 能对平面一般力系进行平衡分析，并能计算相应的力。

平面汇交力系和平面力偶力系是平面一般力系的特殊情况，用平面一般力系的结论也可以分析求解平面汇交力系和平面力偶力系。如图 2—10 所示是桥梁墩柱施工时，柱箍长、短边的计算简图，已知载荷如图所示。本任务要求：分析并计算柱箍长、短边的支座反力。

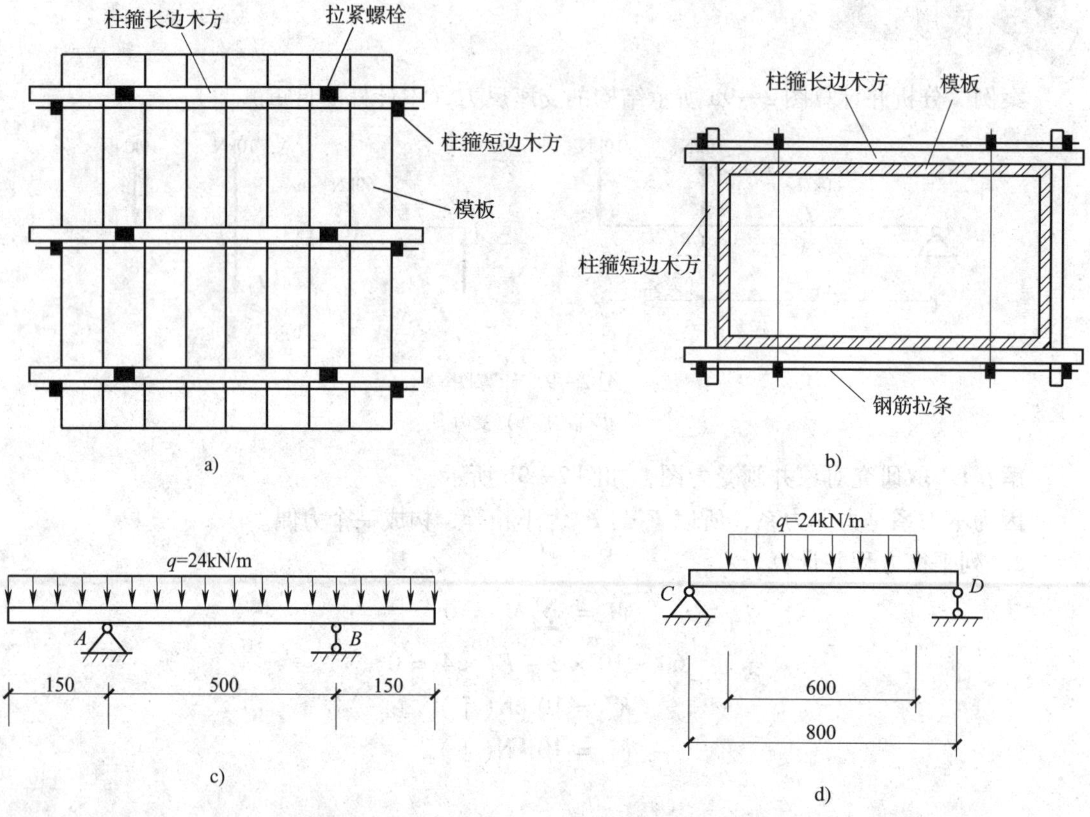

图 2—10　柱模板计算简图（尺寸单位：mm）

a）柱模板简图　b）柱箍长、短边简图　c）柱箍长边计算简图　d）柱箍短边计算简图

一、平面一般力系的合成

1．力的平移定理

定理：可以把作用在刚体上某点的力 $\boldsymbol{F}$ 平移到任意点 O，但必须同时附加一个力偶，这个附加力偶的力偶矩矢等于力 $\boldsymbol{F}$ 对新作用点 O 的力矩。

证明如下：如图2—11a所示，在刚体的A点作用一个力$\boldsymbol{F}$，现在刚体上任取一点O，并在O点加上一对平衡力$\boldsymbol{F}_1$和$\boldsymbol{F}_2$，且使$F_1 = F_2 = F$（见图2—11b）。根据加减平衡力系公理可知，新力系图（图2—11b）和原力系图（图2—11a）是等效的。新力系图中的三个力又可视为一个作用在点O的力$\boldsymbol{F}_1$和一个力偶（$\boldsymbol{F}$，$\boldsymbol{F}_2$），这个力偶称为附加力偶（见图2—11c），其力偶矩M与力$\boldsymbol{F}$对新作用点O的力矩M_O（$\boldsymbol{F}$）相等，即$M = M_O$（$\boldsymbol{F}$）$= Fd$。这也就说明了图c与图b是等效的。

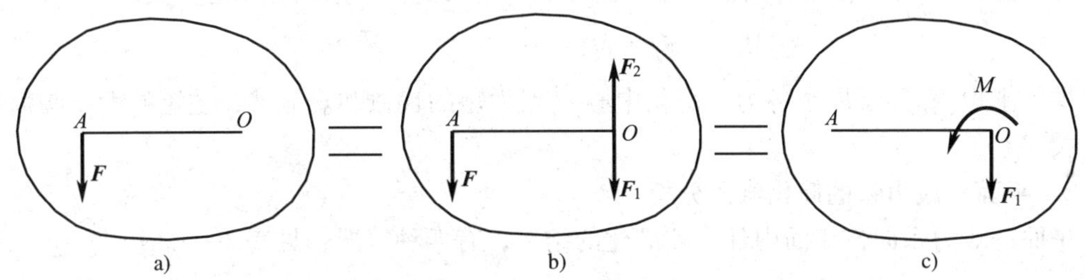

图2—11　力的平移定理证明

2．平面一般力系向作用面内一点的简化

刚体上作用有n个力$\boldsymbol{F}_1$，$\boldsymbol{F}_2$，…，$\boldsymbol{F}_n$组成的平面一般力系，如图2—12a所示。在平面内任选一点O，称为简化中心。求该力系向O点简化的结果。

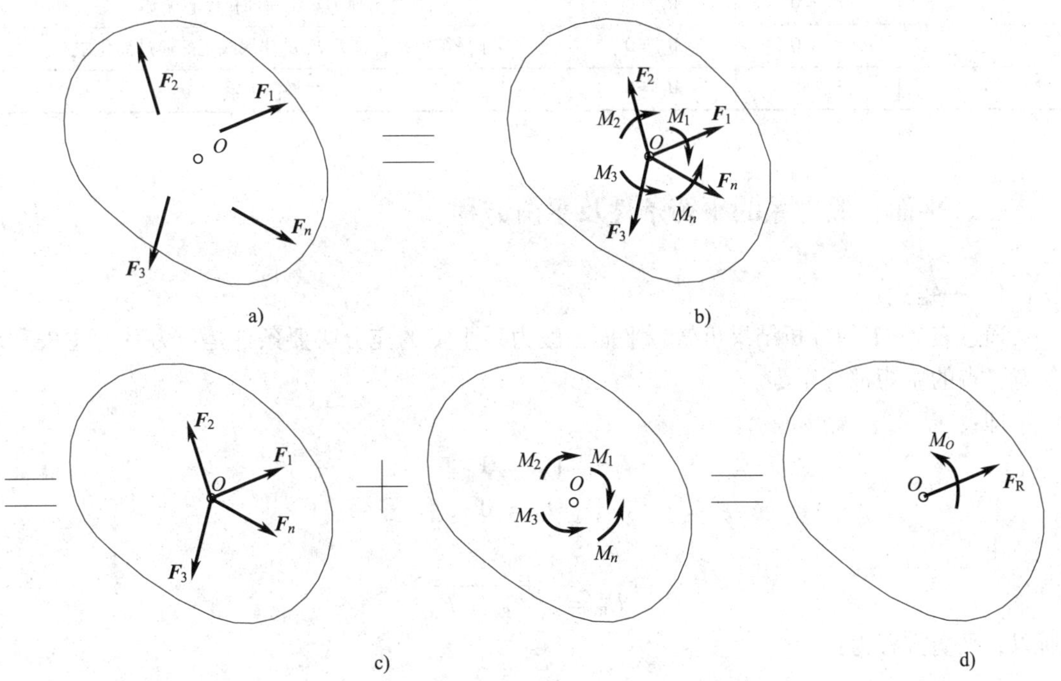

图2—12　平面一般力系的简化

应用力的平移定理，将各力平移至简化中心O点。这样，得到作用于点O的平面汇交力系$\boldsymbol{F}_1$，$\boldsymbol{F}_2$，…，$\boldsymbol{F}_n$和由相应的附加力偶构成的平面力偶力系，其力偶矩分别为M_1，M_2，…，

M_n，如图 2—12b 所示。然后再分别合成这两个力系，得到等效力系，如图 2—12c 所示。

通过上述可知，平面一般力系向任意一点 O 简化，可得一个力 $\boldsymbol{F}_R$ 和一个力偶 M_O，如图 2—12d 所示。其中力 $\boldsymbol{F}_R$ 称为主矢，力偶 M_O 称为主矩。

主矢 $\boldsymbol{F}_R$ 和主矩 M_O 计算如下：

$$\boldsymbol{F}_R = \boldsymbol{F}_1 + \boldsymbol{F}_2 + \cdots + \boldsymbol{F}_n = \sum \boldsymbol{F}_i \tag{2—7}$$

即：主矢 $\boldsymbol{F}_R$ 等于原来各力的矢量和。显然，主矢的大小与简化中心无关。

$$M_O = M_1 + M_2 + \cdots + M_n = \sum M_i \tag{2—8}$$

即：主矩 M_O 等于原来各力对简化中心 O 点力矩的代数和。显然，主矩的大小与简化中心有关。

3. 平面一般力系的简化结果分析

平面一般力系向作用面内任一点简化的结果，有四种情况，见表 2—1。

表 2—1　　平面一般力系的简化结果

情况分类	简化结果		简化结果含义
	主矢 $\boldsymbol{F}_R$	主矩 M_O	
1	$F_R=0$	$M_O=0$	平衡力系
2	$F_R=0$	$M_O\neq0$	是力偶力系，与简化中心无关
3	$F_R\neq0$	$M_O=0$	非平衡力系，合力 $\boldsymbol{F}_R$ 的作用线正好通过简化中心
4	$F_R\neq0$	$M_O\neq0$	非平衡力系

二、平面一般力系的平衡条件及平衡方程

1. 一矩式

通过表 2—1 的分析结果可知，平面一般力系平衡的充分必要条件是：力系的主矢和对任意一点的主矩都等于零。

即：

$$F_R = 0$$
$$M_O = 0$$

由于

$$F_R = \sqrt{F_{Rx}^2 + F_{Ry}^2}$$

所以，平衡方程为：

$$\begin{cases} F_{Rx} = \sum F_{ix} = 0 \\ F_{Ry} = \sum F_{iy} = 0 \\ M_O = \sum M_O(F_i) = 0 \end{cases} \tag{2—9}$$

式（2—9）是三个独立的方程，可以求解三个未知量。

平面一般力系的平衡方程还可以写成下列两种形式：

2. 二矩式

$$\begin{cases} F_{Rx} = \sum F_{ix} = 0 \\ M_A = \sum M_A(F_i) = 0 \\ M_B = \sum M_B(F_i) = 0 \end{cases} \quad (2—10)$$

注：A、B 两点连线不能与 x 轴垂直。

3. 三矩式

$$\begin{cases} M_A = \sum M_A(F_i) = 0 \\ M_B = \sum M_B(F_i) = 0 \\ M_C = \sum M_C(F_i) = 0 \end{cases} \quad (2—11)$$

注：A、B、C 三点不能共线。

结合实际结构，先对工作任务中的物体进行受力分析，然后用平衡方程求解未知量。注意：每次所取的研究对象未知数最好不超过三个，如果超过三个，一般需要取多次研究对象，才能计算出未知量。

对图 2—10 进行分析及计算：

1. 取研究对象并画受力图，如图 2—13a 和图 2—13b 所示。

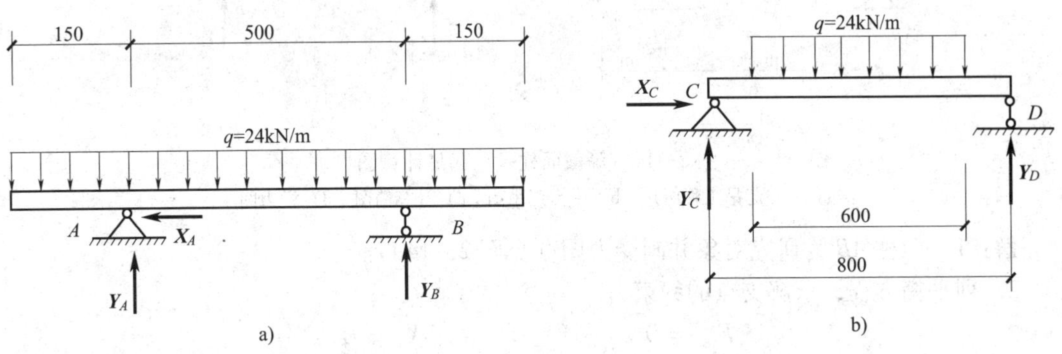

图 2—13 柱箍受力图（尺寸单位：mm）

a）柱箍长边受力图 b）柱箍短边受力图

2. 列平衡方程，求解支座反力。

（1）柱箍长边

$$F_{Rx} = 0 \qquad X_A = 0$$

$$M_A = \sum M_A(F_i) = 0 \qquad 500Y_B - 24 \times 800 \times 250 = 0 \qquad Y_B = 9\,600\ \text{kN}$$

$$F_{Ry}=0 \qquad Y_A+Y_B-24\times 800=0 \qquad Y_B=9\ 600\ \text{kN}$$

（2）柱箍短边

$$F_{Rx}=0 \qquad X_C=0$$

$$M_C=\sum M_C(F_i)=0 \qquad 800Y_D-24\times 600\times 400=0 \qquad Y_D=7\ 200\ \text{kN}$$

$$F_{Ry}=0 \qquad Y_C+Y_D-24\times 600=0 \qquad Y_C=7\ 200\ \text{kN}$$

注：上题也是对称结构，所以在求解支座反力时，也可直接采用对称性简化计算支座反力。

应用案例

案例 1　如图 2—14a 所示，在施工中，柱子起吊可采用一点起吊法。柱子刚起吊还未离开地面时的简图如图 2—14b 所示，其计算简图如 2—14c 所示。已知柱子长 10 m，载荷 $q=7$ kN/m，采用一点绑扎，起吊位置在 B 点，试计算支点的约束力。

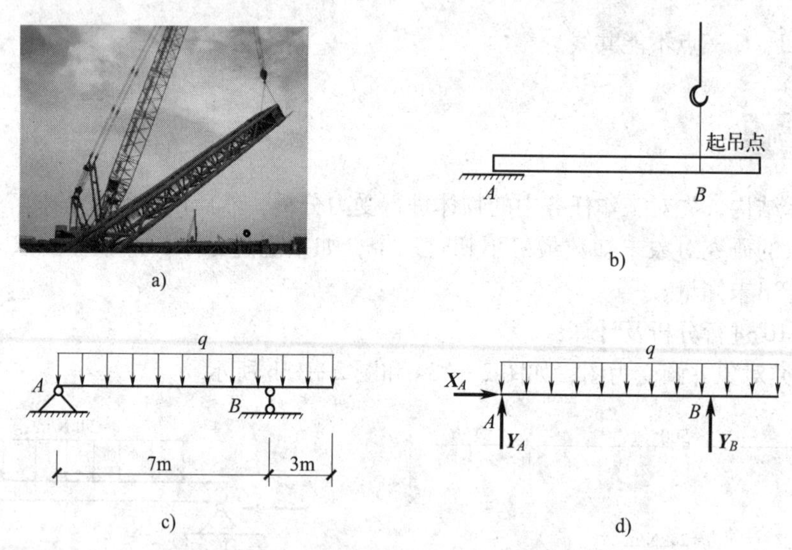

图 2—14　等截面柱一点起吊计算图

a）一点起吊工程图片　b）一点起吊图　c）计算简图　d）受力图

解： 1. 取柱 AB 为研究对象并画受力图（见图 2—14d）。

2. 列平衡方程，求解支点的约束力。

$$F_{Rx}=0 \qquad X_A=0$$

$$M_A=\sum M_A(F_i)=0 \qquad 7Y_B-7\times 10\times 5=0$$

$$Y_B=50\ \text{kN}$$

$$F_{Ry}=0 \qquad Y_A+Y_B-7\times 10=0$$

$$Y_B=20\ \text{kN}$$

案例 2　图 2—15a 所示刚架，受力如图所示，试计算 A、B 两处的支座反力。

解： 1. 取整个刚架为研究对象并画受力图（见图 2—15b）。

2．列平衡方程，求解支点的约束力。

$$F_{Rx}=0 \qquad X_A-40=0$$

$$X_A=40\ \text{kN}(\rightarrow)$$

$$M_A=\sum M_A(F_i)=0 \qquad 4Y_B-10\times4\times2+40\times3=0$$

$$Y_B=-10\ \text{kN}(\downarrow)$$

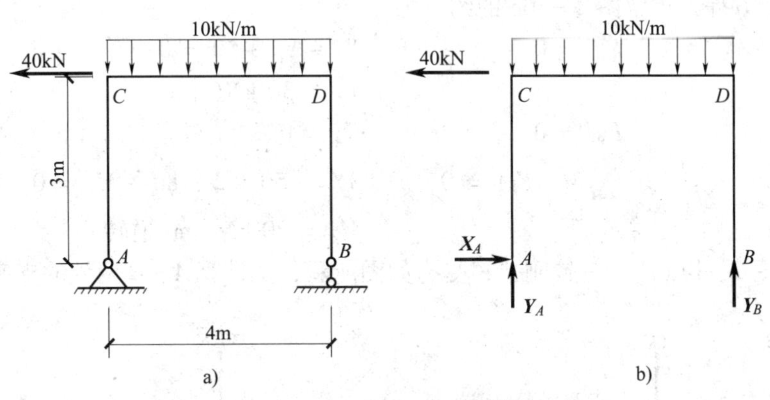

图2—15　刚架计算图

a）原结构　b）刚架受力图

注：结果为负值说明实际方向与受力图中的假设方向相反。

$$F_{Ry}=0 \qquad Y_A+Y_B-4\times10=0$$

$$Y_A=50\ \text{kN}(\uparrow)$$

小结：任务1、案例1和案例2的共同特点是，整个系统只有一根杆件，未知量都不超过三个，所以取一次研究对象，可以计算出所有的未知量。

案例3　图2—16a所示为连续梁的受力图，试计算A、B两处的支座反力。

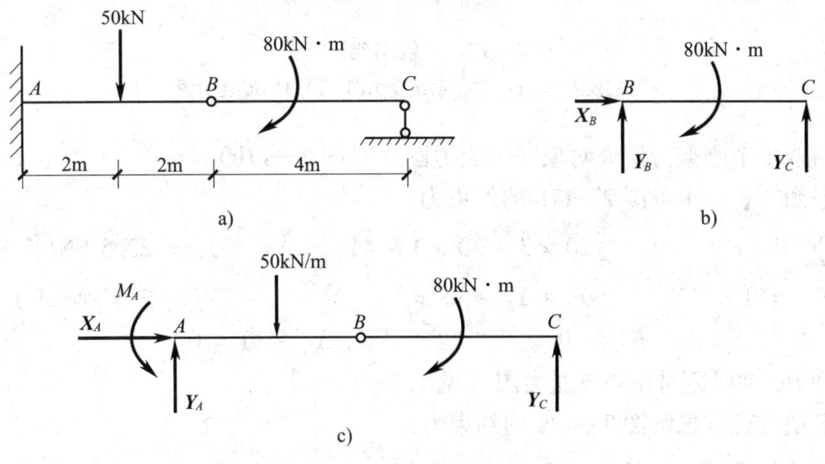

图2—16　多跨梁计算图

a）多跨梁　b）杆BC的受力图　c）整个系统的受力图

解： 1．取杆 BC 为研究对象并画受力图（见图 2—16b）。

2．列平衡方程，求解图 2—16b 的约束力。

$$\sum M_B(F_i)=0 \qquad 4Y_C-80=0$$

$$Y_C=20\ \text{kN}(\uparrow)$$

3．取整个梁为研究对象并画受力图（见图 2—16c）。

4．列平衡方程，求解图 2—16c 的约束力。

$$F_{Ry}=0 \qquad Y_A+Y_C-50=0$$

$$Y_A=30\ \text{kN}(\uparrow)$$

$$F_{Rx}=0 \qquad X_A=0$$

$$\sum M_A(F_i)=0 \qquad 8Y_C-50\times 2-80+M_A=0$$

$$M_A=20\ \text{kN}\cdot\text{m}(\text{逆转})$$

案例 4 图 2—17a 所示三铰刚架，受力如图所示，试计算 A、B 两处的支座反力。

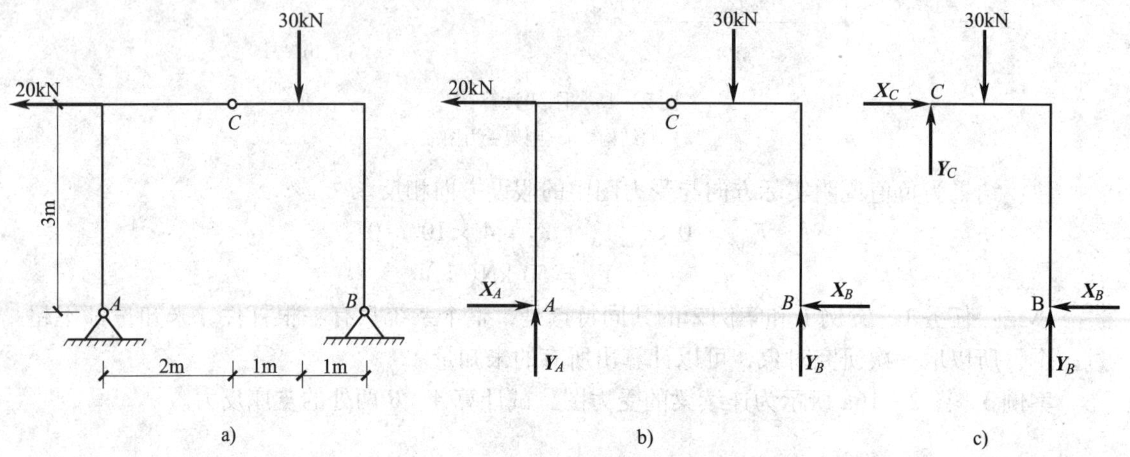

图 2—17 三铰刚架计算图

a）三铰刚架 b）整个系统受力图 c）杆 BC 受力图

解： 1．取整个刚架为研究对象并画受力图（见图 2—17b）。

2．列平衡方程，求解图 2—17b 的约束力。

$$\sum M_B(F_i)=0 \qquad 20\times 3+30\times 1-4Y_A=0 \qquad Y_A=22.5\ \text{kN}(\uparrow)$$

$$F_{Ry}=0 \qquad Y_A+Y_B-30=0 \qquad Y_B=7.5\ \text{kN}(\uparrow)$$

$$F_{Rx}=0 \qquad X_A-X_B-20=0$$

3．取杆 BC 为研究对象并画受力图（见图 2—17c）。

4．列平衡方程，求解图 2—17c 的约束力。

$$\sum M_C(F_i)=0 \qquad 2Y_B-3X_B-30\times 1=0 \qquad X_B=-5\ \text{kN}(\rightarrow)$$

$$X_A=15\ \text{kN}(\rightarrow)$$

小结：案例3和案例4的共同特点是，整个系统有两根及两根以上的杆件，未知量都超过三个，所以取一次研究对象不能求出全部未知力，必须取多次研究对象才能计算出所有的未知量。

1. 计算习题图2—1所示力的合力。

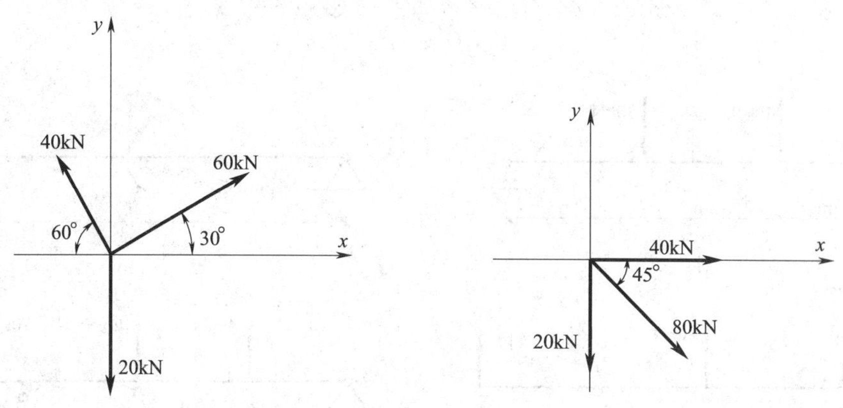

习题图2—1

2. 三角架尺寸如习题图2—2所示，吊起的物体重 $G=200$ kN，忽略杆件的自重。试计算杆 AC 和 BC 所受的力。

3. 如习题图2—3所示，用塔吊起重 $G=20$ kN 的梁。已知钢丝绳与水平线的夹角为45°，在构件匀速上升时，求钢丝绳 AC 和 BC 所受的力。

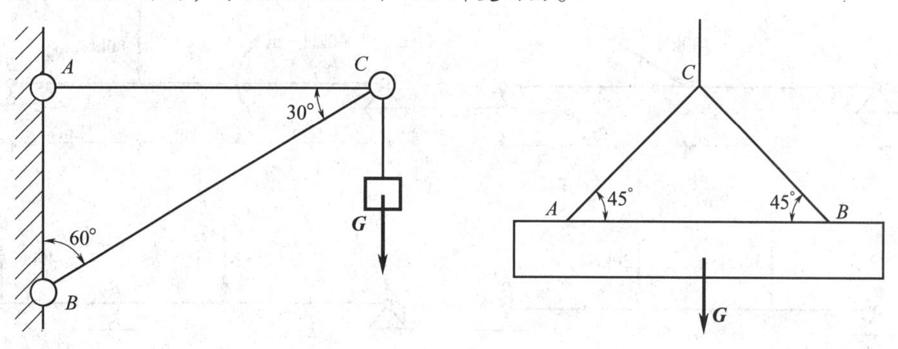

习题图2—2　　习题图2—3

4. 如习题图2—4所示的简易拔桩装置。在桩的点 A 上系一绳，将绳的另一端固定在点 C，绳的另一点 B 系另一绳 BE，固定在点 E。然后在绳上的点 D 施加一向下的拉力 $F=500$ kN，使绳的 BD 段水平，AB 段铅直，图中角 $\alpha=0.1$ rad（当 α 很小时，$\tan\alpha\approx\alpha$）。试计算绳 AB 作用于桩上的拉力。

5. 各梁的支承和载荷情况分别如习题图2—5所示，梁的自重忽略不计，试计算支座处的支座反力。

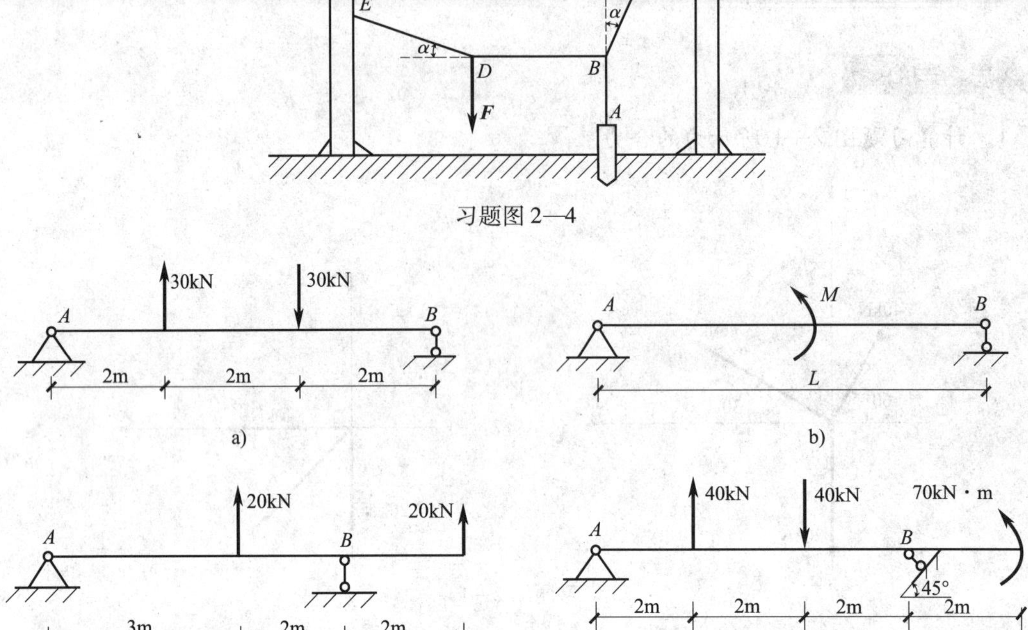

习题图 2—4

习题图 2—5

6. 计算习题图 2—6 所示各梁的支座反力，梁的自重忽略不计。

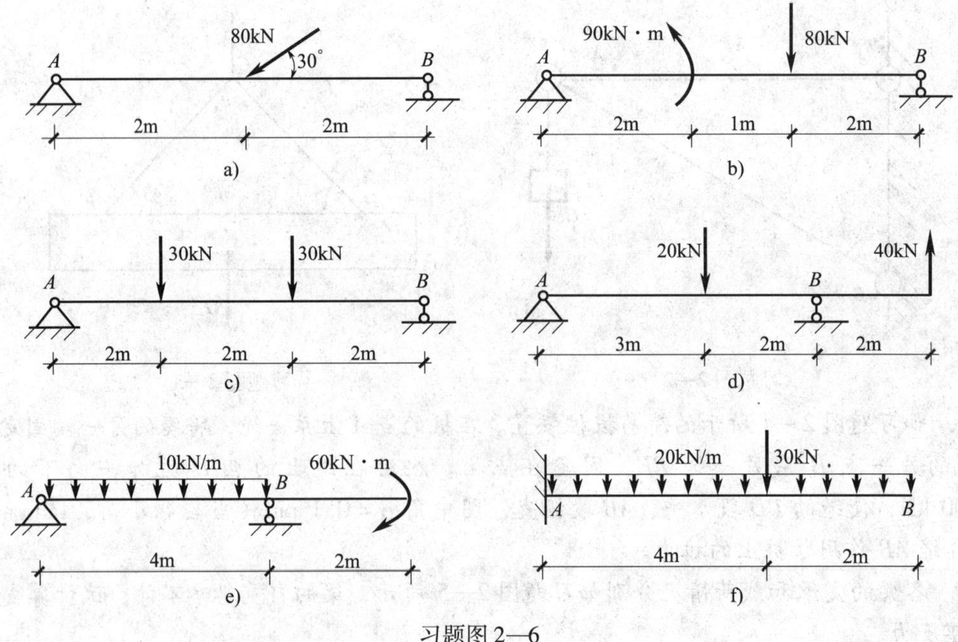

习题图 2—6

7．计算习题图2—7所示多跨梁的支座反力，梁的自重忽略不计。

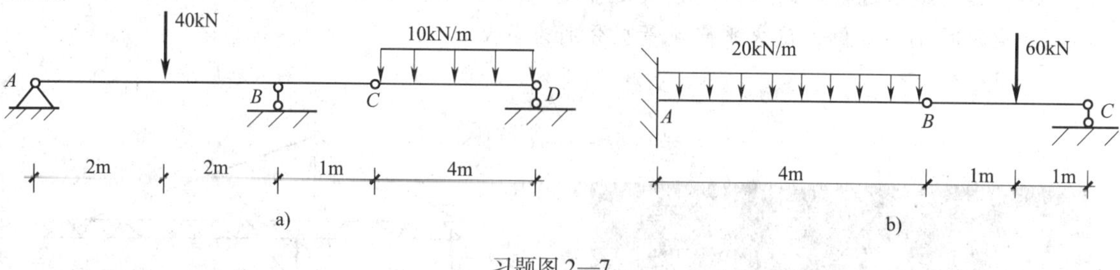

习题图2—7

8．计算习题图2—8所示三铰刚架的支座反力。

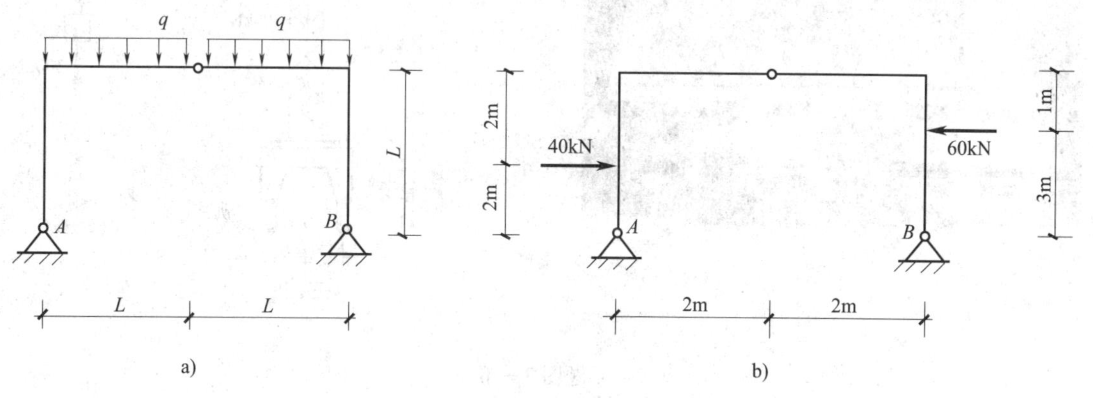

习题图2—8

9．习题图2—9a所示的施工图中，三角架的计算简图如习题图2—9b所示，求三角架的支座反力（杆件自重忽略不计）。

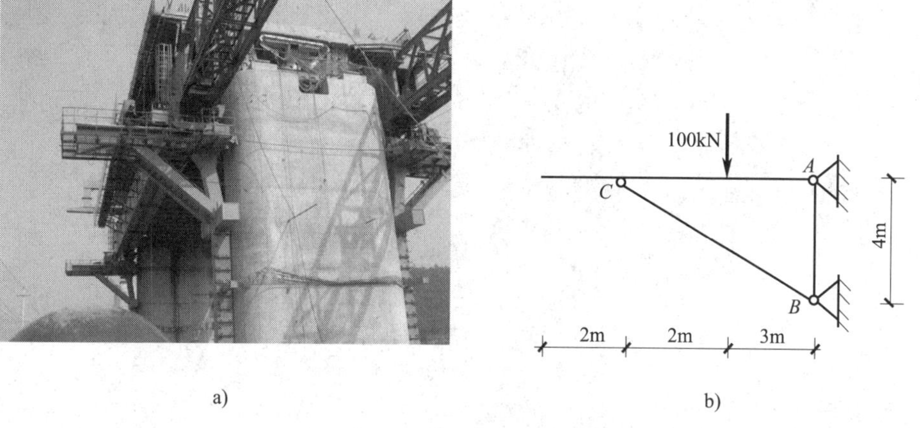

习题图2—9

a）施工图 b）三角架计算简图

10. 如习题图 2—10a 所示的塔式起重机，计算简图如习题图 2—10b 所示，机架重 700 kN，作用线通过塔架的轴线。最大起重量为 300 kN，平衡块重为 ***G***。为保证起重机在满载和空载时都不翻倒，试求平衡块量应分别为多大。

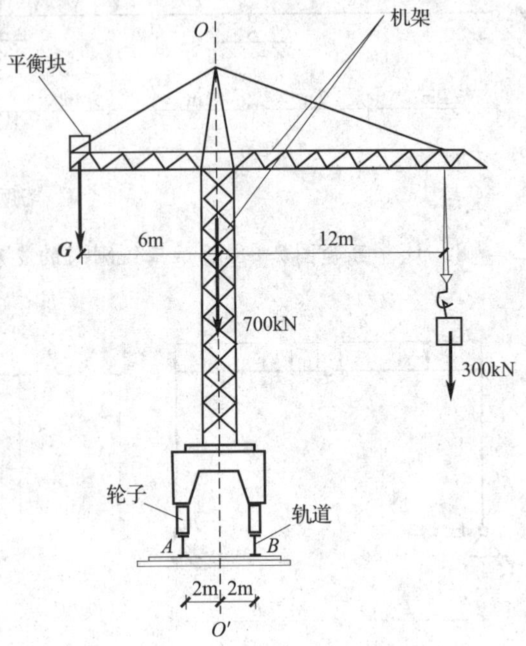

习题图 2—10

模块三

轴向拉伸压缩杆件的承载能力分析

任务一　计算轴向拉压杆的内力

1. 能够识别工程中常见的轴向拉压杆的结构。
2. 能够计算轴向拉压杆的内力，并能画出轴力图。

轴向受拉杆和轴向受压杆是工程实际中常见的构件。如图 3—1a 所示的由万能杆件组拼的盖梁支架，其计算简图如图 3—1b 所示，为桁架结构。由于桁架受结点荷载作用，桁架中的上、下弦杆和竖杆、斜杆都是受轴向力的杆件。

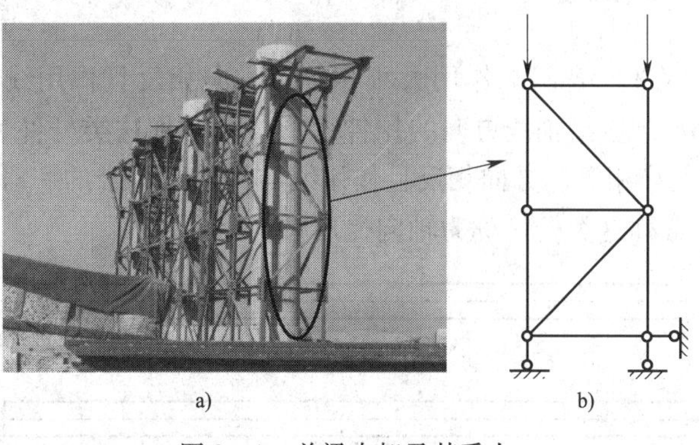

图 3—1　盖梁支架及其受力

a）盖梁支架　b）计算简图

工程上常用到各种轴向拉压杆。如图 3—2 所示，起重机吊绳是典型的轴向受拉杆件；图 3—3 中，桥墩的墩身属于受压杆。

图 3—2　起重机吊绳

图 3—3　桥墩

工作任务

什么是轴向拉压杆？如何计算轴向拉压结构的内力，并绘制内力图？

已知图 3—4 所示的直杆，承受一组力系 $F_1=20$ kN、$F_2=16$ kN、$F_3=10$ kN 的作用，求指定横截面 1—1、2—2 和 3—3 上的轴力并绘制其轴力图？

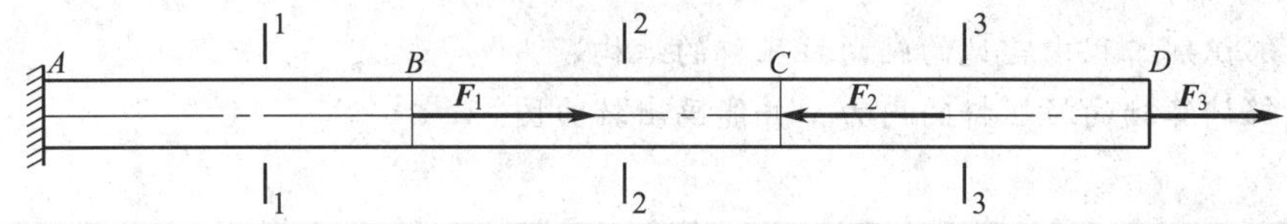

图 3—4　轴向受力杆

相关理论

一、轴向拉压杆的概念

如图 3—5 所示，在杆 AB 两端作用大小相等、方向相反且作用线与杆轴线重合的一对拉力 $\boldsymbol{F}_1$，它们使杆 AB 产生沿轴线方向的拉伸变形，通常称这类杆件为轴向受拉杆；同样，在杆 BC 两端，作用大小相等、方向相反且作用线与杆轴线重合的一对压力 $\boldsymbol{F}_2$，使杆 BC 产生轴向压缩变形，通常称这类杆件称为轴向受压杆。

图 3—5　轴向拉压杆

二、轴力与轴力图

1. 轴力

如图 3—6 所示，作用线通过横截面形心，与杆轴线相重合的内力，称为轴力。

轴力常用的单位是牛顿（N）或千牛顿（kN）。

轴力的方向规定：轴力的指向离开其所作用的截面时为正，即轴向拉力为正；轴力指向其所作用的截面时为负，即轴向压力为负。

2. 轴力的计算

如图 3—6a 所示直杆，承受轴向外力 $\boldsymbol{F}$ 作用，为求出杆中任意横截面上的轴力，采用截面法进行分析。

（1）截

假想用一平面 m—m 将杆截开为 A、B 两部分，如图 3—6b 所示。

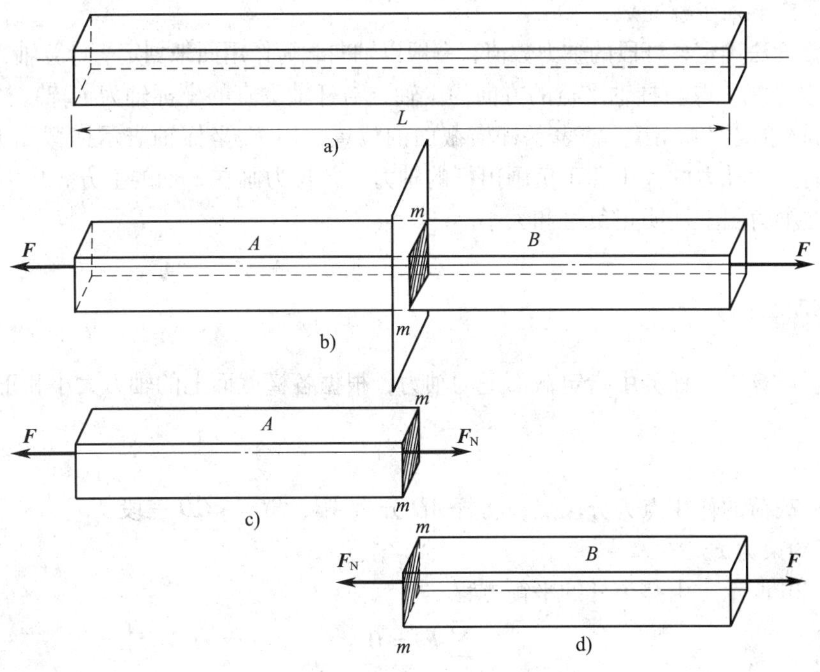

图 3—6 截面法求内力

（2）取

取 A、B 隔离体中的任一部分为研究对象（这里取 A）。

（3）代

将弃去部分对研究对象的作用用内力来替代，这里将杆的另一部分 B 对隔离体 A 的作用，用在截面上的轴力 $\boldsymbol{F}_{\mathrm{N}}$ 来代替，如图 3—6c 所示。

（4）平

对研究对象（即保留部分）列平衡方程，这里设隔离体 A 的轴向为 x 方向，则建立 x 方向的静力平衡方程为

$$\sum F_x = 0$$

$$F_N - F = 0$$

可求得内力

$$F_N = F$$

3．绘制轴力图

一般情况下，受力杆件各横截面上的内力是不相同的。但对杆件进行强度计算时，需要找出杆件上危险截面的轴力数值（通常为最大轴力 N_{max}）作为计算的依据。而逐个求出各截面轴力大小，再进行比较是不现实的，因为杆件有无数个截面。因此，为了清晰明了地表示杆件各截面轴力的变化情况，采用图形描绘，即绘制杆的轴力图。

轴力图是反映杆上所有截面轴力大小沿杆长度方向分布情况的图形。

轴力图可按下列步骤完成：

（1）用截面法确定各杆段的轴力数值，一般以轴向载荷作用面来划定、计算轴力的杆段。

（2）选取坐标，取与杆轴平行的方向为 x 轴，与杆轴垂直的坐标轴为 F_N 轴。

（3）按选定的比例，用 x 轴表示杆横截面的位置，用 F_N 坐标轴表示横截面上的轴力，根据各横截面上的轴力的大小和正负画出杆的轴力图，拉力画在 x 轴的上方，压力画在 x 轴的下方，并在轴力图上注明正负号和大小。

用截面法计算工作任务中指定截面上的轴力，根据各横截面上的轴力大小和正负画出杆的轴力图。

1．分段

以轴向外载荷的作用点为分段点，将杆 AD 分为 AB、BC 和 CD 三段。

2．计算约束力 F_A

如图 3—7b 所示，由整个杆的平衡方程

$$\sum F_x = 0$$

$$-F_A + F_1 - F_2 + F_3 = 0$$

得

$$F_A = F_1 - F_2 + F_3 = 20 - 16 + 10 = 14\ \text{kN}$$

3．确定各杆段的轴力

（1）截面 1—1 的内力计算

1）截。用假想截面将杆在 1—1 处截开，分为左右两部分，如图 3—7b 所示。

2）取。取左段为隔离体，如图 3—7c 所示。

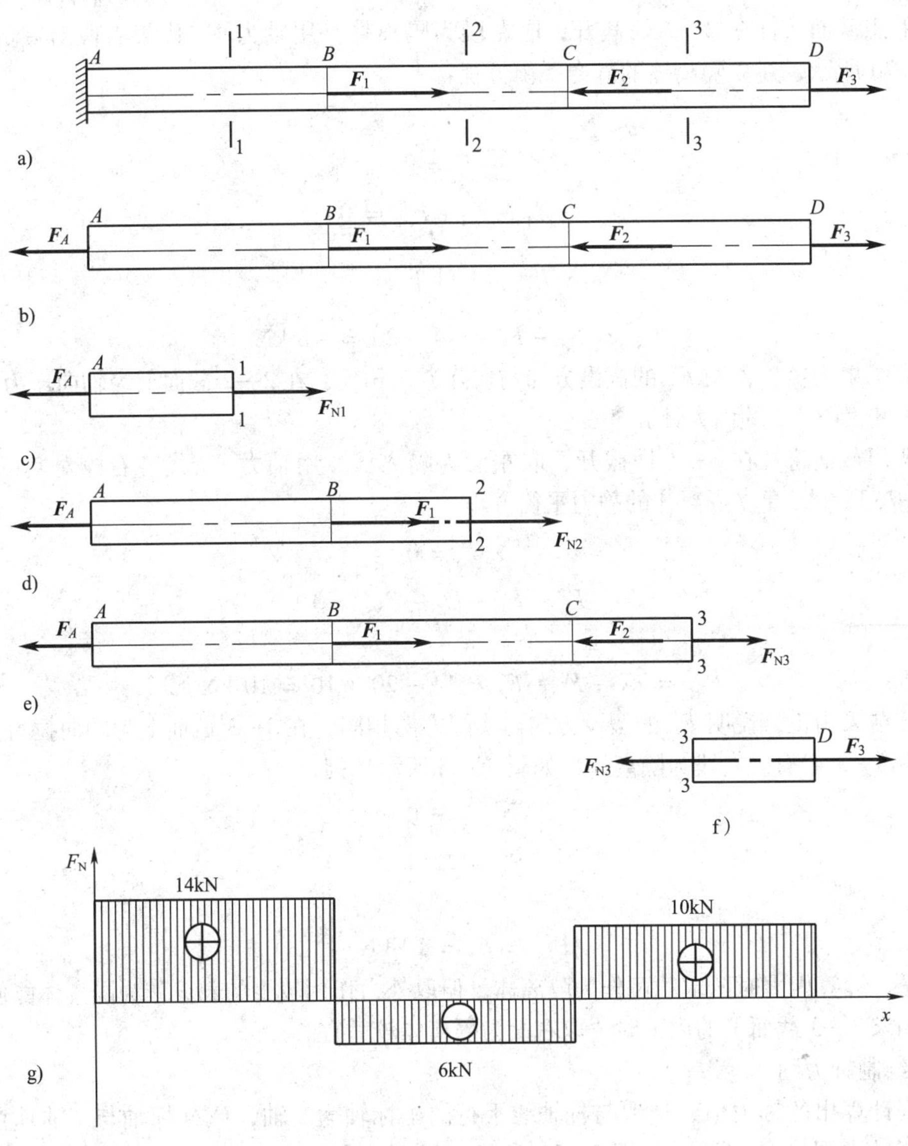

图 3—7　轴力计算图

3）代。用轴力 F_{N1} 代替右段对左段的作用，如图 3—7c 所示。

4）平。建立隔离体的静力平衡方程：

$$\sum F_x = 0$$

$$-F_A + F_{N1} = 0$$

则

$$F_{N1} = F_A = 14\ \text{kN}$$

计算结果为正，说明 F_{N1} 的假设方向与实际方向相同，在 1—1 截面上为轴向拉力。

（2）截面 2—2 的内力计算

用假想截面将杆在 2—2 处截开，取左段为隔离体。用轴力 F_{N2} 代替右段对其的作用，如图 3—7d 所示，建立隔离体的静力平衡方程：

$$\sum F_x = 0$$

$$-F_A + F_1 + F_{N2} = 0$$

则

$$F_{N2} = F_A - F_1 = 14 - 20 = -6\ \text{kN}$$

计算结果为负，说明 F_{N2} 的假设方向与实际方向相反，在 2—2 截面上为轴向压力。

（3）截面 3—3 的内力计算

用假想截面将杆在 3—3 处截开，取左段为隔离体。用轴力 F_{N3} 代替右段对其的作用，如图 3—7e 所示，建立隔离体的静力平衡方程

$$\sum F_x = 0$$

$$-F_A + F_1 - F_2 + F_{N3} = 0$$

则

$$F_{N3} = F_A - F_1 + F_2 = 14 - 20 + 16 = 10\ \text{kN}$$

计算结果为正，说明 F_{N3} 的假设方向与实际方向相同，在 3—3 截面上为轴向拉力。

若取 3—3 截面的右段为隔离体，如图 3—7f 所示，则

$$\sum F_x = 0$$

$$-F_{N3} + F_3 = 0$$

则

$$F_{N3} = F_3 = 10\ \text{kN}$$

可见，计算内力时两端均可作为隔离体，但取外力作用较少的部分作为隔离体能使计算简便。如求 3—3 截面上的内力时，取右段为隔离体较适宜。

4. 绘制轴力图

根据计算出的轴力值，选取与杆轴线平行的坐标轴为 x 轴，F_N 坐标轴与 x 轴垂直，按比例绘制轴力图（F_N 图），如图 3—7g 所示。可见，最大轴力发生在 AB 段内，其值为 $F_{N,max} = 14\ \text{kN}$。

应用案例

案例 阶梯形圆截面直杆受力如图 3—8a 所示，已知载荷 $F_1 = 30\ \text{kN}$，$F_2 = 70\ \text{kN}$。试求杆段 AB、BC 的轴力并作轴力图。

解：

1. 分段

将杆 AC 分为 AB 和 BC 两段。

2．确定各杆段的轴力

用假想截面 1—1 在 AB 段内任一处将杆截开，取右段为隔离体，用轴力 F_{N1} 代替左段对其作用，如图 3—8b 所示，建立隔离体的静力平衡方程：

$$\sum F_x = 0$$

$$-F_{N1} - F_2 + F_1 = 0$$

则

$$F_{N1} = F_1 - F_2 = 30 - 70 = -40 \text{ kN}$$

计算结果为负，说明 F_{N1} 的假设方向与实际方向相反，1—1 截面为轴向压力。

用假想截面 2—2 在 BC 段内任一处将杆截开，取右段为隔离体，用轴力 F_{N2} 代替左段对其作用，如图 3—8c 所示，建立隔离体的静力平衡方程：

$$\sum F_x = 0$$

$$-F_{N2} + F_1 = 0$$

则

$$F_{N2} = F_1 = 30 \text{ kN}$$

计算结果为正，说明 F_{N2} 的假设方向与实际方向相同，2—2 截面为轴向拉力。

a)

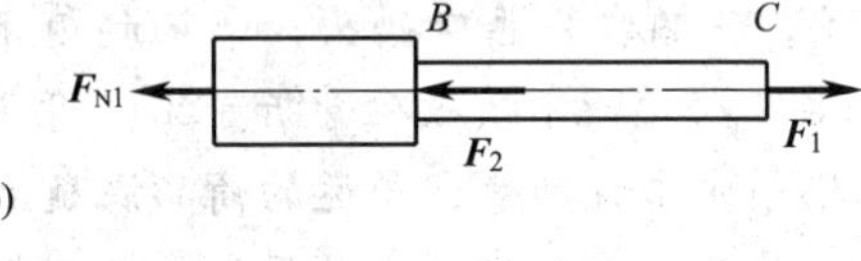

b)

c)

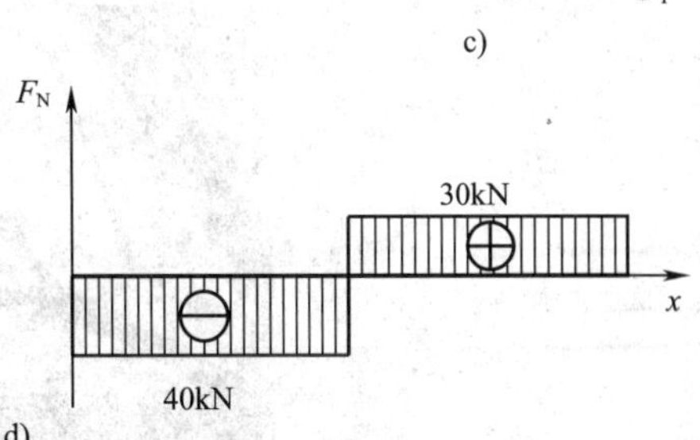

d)

图 3—8　轴力计算图

3．绘制轴力图

根据计算出的轴力值，选取与杆轴线平行的坐标轴为 x 轴，F_N 坐标轴与 x 轴垂直，按比例绘制轴力图（F_N 图），如图 3—8d 所示。

任务二　分析拉压杆的承载力

1．能用强度条件判断杆件的安全性。

2．能用强度条件选择拉压杆的截面。

3．能用强度条件判断拉压杆的承载力。

2006 年 4 月 23 日上午 10 时，广西某汽车交易市场内，一吊车正把一辆小货车往一辆大货车上吊装时，钢丝绳突然断开（见图 3—9），造成一男子当场死亡。2010 年 4 月 6 日，在烟台某港口码头，一辆起吊车调运钢管时吊绳突然断裂，数吨重的钢管滑落，一名工人左腿不慎被砸骨折。2011 年 12 月 15 日 8 时 15 分，贵阳市市府路某工地发生一起塔吊主吊绳断裂，吊运的商品混凝土输送泵管坠落，造成 3 死 1 伤。

这几个案例有一个共同的特点，都是因受力杆件承载能力达到或超过极限而导致事故发生。可见，分析拉压杆的承载力，判断杆件的极限受力情况非常重要。

图 3—9　吊车钢丝绳断裂

如图 3—10 所示，欲起吊质量为 5 t 的钢管，起重机吊绳与钢管轴向成 45°角。吊绳用 Q235 钢制成，容许应力 $[\sigma]=160$ MPa；绳的横截面面积 $A=550\ \text{mm}^2$，试验算此起重机吊绳是否安全？

图 3—10　起重机起吊钢管

一、轴向拉压杆的应力

1．应力的概念

上一个任务用截面法分析了构件截面上的内力，它只表示截面上总的受力情况，而单凭总的受力情况，还不能判断杆件是否会因强度不足而破坏。例如，两根材料相同，截面面积不同的杆，受同样大小的轴向拉力 F 作用。显然，两根杆件横截面上的内力是相等的，随着外力的增加，截面面积小的杆件必然先断。因此，光凭内力的合力还不能判断杆的强度问题。为了更为准确地表示构件的受力情况，引入了应力的概念。

应力是指受力构件某截面上一点的内力集度。如图 3—11a 所示，为了确定隔离体截面上任一点 K 的应力，绕 K 点取一微小面积 ΔA，ΔA 面积上分布内力的合力为 ΔF，则 ΔA 上分布内力的平均集度为

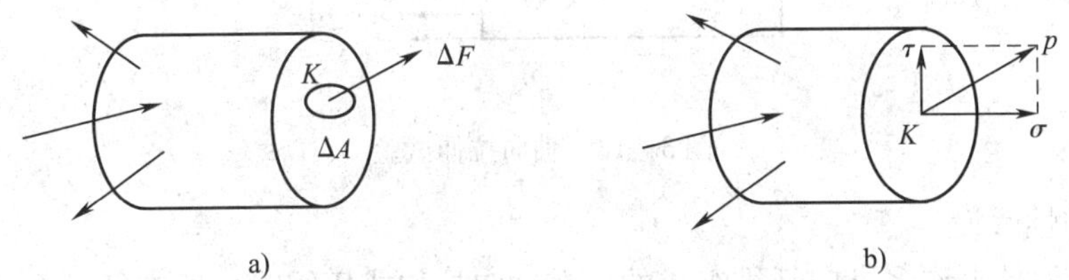

图 3—11　应力示意图

$$p_{\mathrm{m}} = \frac{\Delta F}{\Delta A}$$

p_{m} 称为面积 ΔA 上的平均应力。

一般认为，截面上的内力并非均匀分布，p_{m} 之值及其方向将随所取面积 ΔA 的大小而异。为了更准确地描述点 K 的内力分布情况，使 ΔA 趋于零，由此可得平均应力 p_{m} 的极限值，称为点 K 处的总应力，并用 p 表示，即

$$p = \lim_{\Delta A \to 0} \frac{\Delta F}{\Delta A} = \frac{\mathrm{d}F}{\mathrm{d}A}$$

总应力 p 为矢量，它的方向与 ΔF 的方向相同，与截面成一角度。为了分析方便，将总应力 p 分解为垂直于截面的法向分量 σ 和与截面相切的切向分量 τ（见图 3—11b）。法向分量 σ 称为正应力，切向分量 τ 称为切应力。

在国际单位制中，应力单位是“Pa”，读作“帕斯卡”，简称“帕”。$1\ \mathrm{Pa} = 1\ \mathrm{N/m^2}$。工程上常采用“千帕”（kPa，即 $\mathrm{kN/m^2}$）、“兆帕”（MPa，即 $\mathrm{N/mm^2}$）和“吉帕”（GPa），它们之间的关系是：$1\ \mathrm{kPa} = 10^3\ \mathrm{Pa}$；$1\ \mathrm{MPa} = 10^3\ \mathrm{kPa} = 10^6\ \mathrm{Pa}$；$1\ \mathrm{GPa} = 10^3\ \mathrm{MPa} = 10^6\ \mathrm{kPa} = 10^9\ \mathrm{Pa}$。

2. 横截面上的正应力

轴向拉伸、压缩时，横截面上的应力情况是通过试验进行研究的。

如图 3—12 所示为一等截面直杆，试验前，在杆表面画两条垂直于杆轴的直线 ab 和 cd，然后，在杆两端施加一对大小相等、方向相反的轴向载荷 F，从试验中观察到：线 ab 和 cd 仍为直线，且仍垂直于杆件轴线，只是间距增大，分别平移至 $a'b'$ 和 $c'd'$ 位置。

根据这种现象，对于轴向拉压杆件通常作出如下基本假设：

（1）平面假设

杆件在变形前为平面的横截面，变形后仍保持平面。

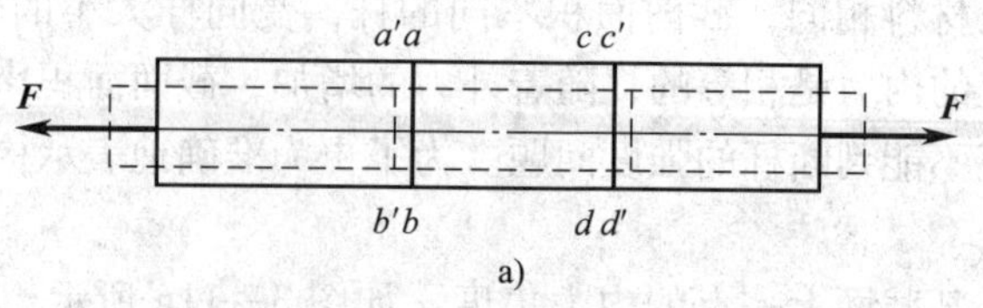

a)

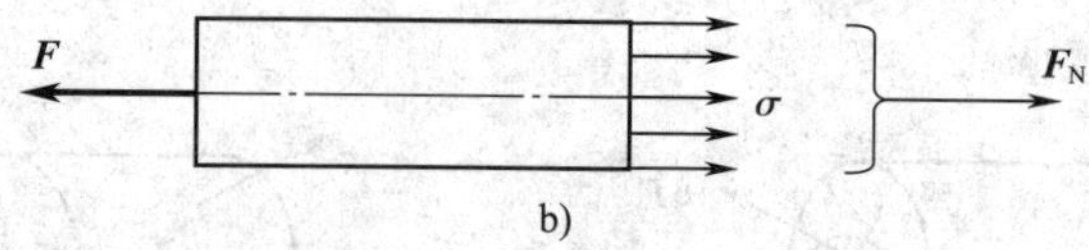

b)

图 3—12 轴向拉伸试验

（2）均匀性假设

将杆件看做是由许多纵向纤维组成的，在轴向拉伸或压缩时，所有纤维有相同的伸长量或压缩量。

上述假设认为，在轴向力作用下，组成杆件的各纵向纤维有均匀、相等的变形量，即截面间没有错动，说明截面上每点只受正应力，未受剪应力。所以，轴向拉压杆横截面上只有正应力，并且该正应力在横截面上的分布是均匀、相等的。于是可得轴向拉压杆横截面上的应力计算公式为

$$\sigma = \frac{F_N}{A} \tag{3—1}$$

式中 σ——应力，Pa（N/m^2）；

F_N——杆横截面上的轴力，N 或 kN；

A——横截面面积，m^2。

正应力方向的规定：正应力的指向离开其所作用的截面时为正，即拉应力为正；正应力指向其所作用的截面时为负，即压应力为负。

3．斜截面上的应力

为了全面分析拉压杆的强度问题，仅仅研究横截面上的正应力是不够的，还需研究其斜截面上的应力情况。考察如图 3—13a 所示的拉压杆，利用截面法，沿任一斜截面 m—m 将杆截开，取左半部分为研究对象，该斜截面的方位以其外法线 On 与 x 轴的夹角 α 表示。如前所述，杆件横截面上的应力均匀分布，由此可以推断，斜截面 m—m 上的总应力 p_α 也为均匀分布（见图 3—13b），且其方向必与杆轴平行。

设杆件横截面的面积为 A，则杆左半部分的平衡方程为

$$\sum F_x = 0$$

$$p_\alpha \frac{A}{\cos\alpha} - F = 0 \tag{3—2}$$

由此可得斜截面 m—m 上各点处的应力为

$$p_\alpha = \frac{F\cos\alpha}{A} = \sigma\cos\alpha \tag{3—3}$$

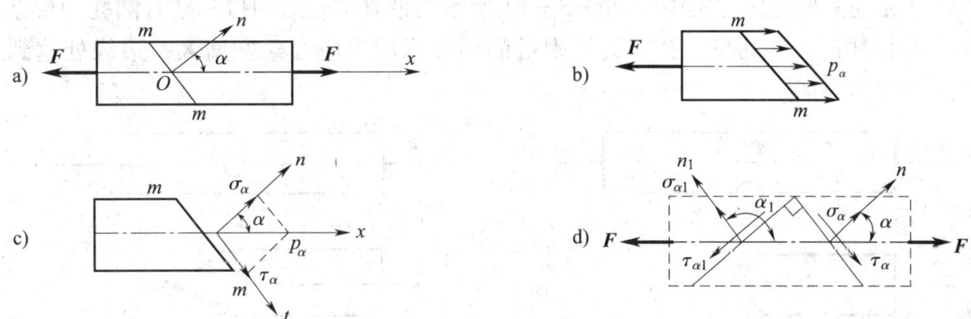

图 3—13　斜截面上的应力

式中，$\sigma=\dfrac{F}{A}$表示杆件横截面上的正应力。

p_α 是斜截面 m—m 上的总应力。为应用方便，将应力 p_α 沿截面法向与切向分解（见图 3—13c），得垂直于斜截面的正应力 σ_α 与相切于斜截面的切应力 τ_α 分别为：

$$\begin{cases}\sigma_\alpha = p_\alpha\cos\alpha = \sigma\cos^2\alpha \\ \tau_\alpha = p_\alpha\sin\alpha = \sigma\cos\alpha\sin\alpha = \dfrac{1}{2}\sigma\sin2\alpha\end{cases} \tag{3—4}$$

式（3—4）反映了 σ_α 和 τ_α 值随斜截面方位角 α 的变化规律。且规定：

从 x 轴逆时针旋转到外法线 On 时，角 α 为正；反之为负。

正应力 σ_α 仍规定拉应力为正，压应力为负。

切应力 τ_α 规定绕研究对象体内任一点有顺时针转动趋势时为正，反之则为负。

由式（3—4）可知：

（1）当 $\alpha=0°$时，正应力最大，其值为 $\sigma_{max}=\sigma$，即拉压杆的最大正应力发生在横截面上，其值为 σ。

（2）当 $\alpha=45°$时，切应力最大，其值为 $\tau_{max}=\dfrac{\sigma}{2}$，即拉压杆的最大切应力发生在与杆轴成 45°角的斜截面上，其值为$\dfrac{\sigma}{2}$。

（3）当 $\alpha=90°$时，$\sigma=\tau=0$，即与横截面垂直的纵截面上不存在应力。

（4）当 $\alpha_1=\alpha+90°$时，$\tau_{\alpha1}=\dfrac{\sigma}{2}\sin2（\alpha+90°）=-\dfrac{\sigma}{2}\sin2\alpha=-\tau_\alpha$。这表明：在两个互相垂直的截面上，切应力必然成对出现，其数值相等，方向为共同指向或背离两垂直面的交线（见图 3—13d）。这个规律称为切应力互等定理。这是一个普遍成立的定理，在任何受力情况下都是成立的。

4．应力集中的概念

如前所述，轴向拉压杆件，其横截面上的应力是均匀分布的。但是，工程实际中的构件由于结构上的需要，往往在杆中开孔、切槽或将杆制成阶梯形等，这就使杆的局部区段横截面尺寸发生急剧变化。由实验发现，在杆件截面形状和尺寸发生突变处，会引起局部应力突然增大，这种现象称为应力集中。如图 3—14 所示的带有半圆形切口和钻有圆孔的板条，受轴向拉力 F 作用时，在切口、孔口边缘附近的局部区域内应力急剧增大，边缘处达到最大值 σ_{max}。

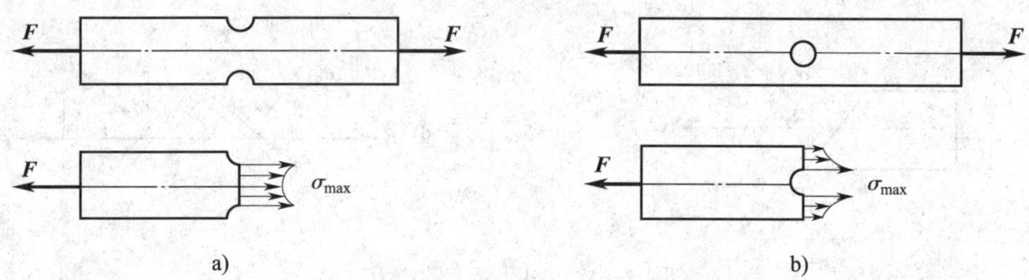

图 3—14　带有半圆形切口和钻有圆孔的板条

应力集中的程度常用理论应力集中因数 $K_{t\sigma}$ 表示，其定义式为：

$$K_{t\sigma}=\frac{\sigma_{max}}{\sigma_{m}} \tag{3—5}$$

式中，σ_{max} 为发生应力集中的截面上的最大应力，σ_{m} 为同一截面上的平均应力。$K_{t\sigma}$ 是一个大于 1 的系数。试验结果表明：截面尺寸改变得越剧烈、角越尖、孔越小，应力集中的程度就越严重。因此，在杆件上应尽可能避免尖角、槽和小孔，在阶梯轴肩处应采用圆弧过渡，而且过渡圆弧的半径以尽可能大为好。

二、容许应力与安全系数

1. 极限应力

材料达到危险状态时的应力极限值，称为材料的极限应力，用 σ_{u} 表示。

对于塑性材料，当发生塑性变形时已严重影响构件的正常工作，所以，对于有明显屈服阶段的塑性材料，取屈服极限 R_{eL} 为极限应力 σ_{u}；对于无明显屈服阶段的塑性材料，取 $R_{p0.2}$ 为极限应力 σ_{u}。对于脆性材料，只有在真正破坏时才丧失正常的工作能力，所以取其极限强度 R_{m} 为极限应力 σ_{u}（见本模块任务 3）。

2. 容许应力

容许应力，是构件正常工作时材料允许达到的最大应力，由极限应力 σ_{u} 除以安全系数而得到，用 $[\sigma]$ 表示。

$$[\sigma]=\frac{\sigma_{u}}{n} \tag{3—6}$$

式中的 n 为安全系数，是一个永远大于 1 的值。

安全系数是表示构件安全储备大小的系数，它的选择是十分复杂的。过大的安全系数将造成材料的浪费，而过小的安全系数会使结构或构件不能正常工作甚至造成破坏。因此，安全系数的选取必须体现既安全又经济实用的设计思想。

通常在常温、静力载荷作用下，塑性材料的安全系数 n_{s} 可取 1.4～1.7；脆性材料的安

全系数 n_b 可取2.5～3.0。

各种材料容许应力的数值，一般由国家有关部门测定、分析，并结合国家生产力水平、技术条件等情况，以规范的形式给出。

三、强度计算

1．强度条件

最大轴力所在的横截面称为危险截面，危险截面上的正应力称为最大工作应力。

材料的容许应力是构件实际工作时的最大极限值。因此，为了保证构件安全可靠地工作，构件内的最大工作应力 σ_{max} 不得超过材料的容许应力［σ］，即

$$\sigma_{max} \leqslant [\sigma] \tag{3—7}$$

上式就是拉压杆的强度条件。

对于等直杆，由于具有相同的横截面面积，上式则变为

$$\sigma_{max} = \frac{F_{N,max}}{A} \leqslant [\sigma] \tag{3—8}$$

2．强度计算

利用上述条件，可以解决以下三类强度问题。

（1）校核强度

当已知拉压杆的截面尺寸、容许应力和所受外力时，通过比较工作应力与容许应力的大小，可以判断该杆是否安全。如果满足 $\sigma_{max} \leqslant [\sigma]$ 或 $\sigma_{max} = \frac{F_{N,max}}{A} \leqslant [\sigma]$，则构件的强度安全；否则不安全。

（2）设计截面尺寸

如果已知拉压杆所受外力和材料的容许应力，根据强度条件可以确定该杆所需横截面面积。例如，对于等直杆，其所需横截面面积为

$$A \geqslant \frac{F_{N,max}}{[\sigma]} \tag{3—9}$$

（3）确定容许载荷

如果已知拉压杆的截面尺寸和容许应力，根据强度条件可以确定该杆所能承受的最大轴力。

$$F_{N,max} \leqslant A[\sigma] \tag{3—10}$$

然后根据杆件的静力平衡条件，求出轴力与外力间的关系，就可以确定出杆件或结构所能承受的最大安全载荷，即容许载荷。

任务实施

根据强度条件计算任务中吊绳的承载力，判断起重机吊绳的安全性。

1. 分析受力简图

图 3—10 中吊绳的受力简图如图 3—15a 所示。

2. 计算起重机吊绳的轴力 F_N

取重物为隔离体（见图 3—15b），建立静力平衡方程

$$\sum Y = 0$$

$$2F_N\sin45° - G = 0$$

则

$$F_N = \frac{\frac{G}{2}}{\sin45°} = \left(\frac{5\times10}{2}\right)\bigg/\frac{\sqrt{2}}{2} = 35.4\ \text{kN}$$

3. 强度校核

$$\sigma_{max} = \frac{F_{N,max}}{A} = \frac{35.4\times10^3}{550} = 64.4\ \text{MPa} < [\sigma] = 160\ \text{MPa}$$

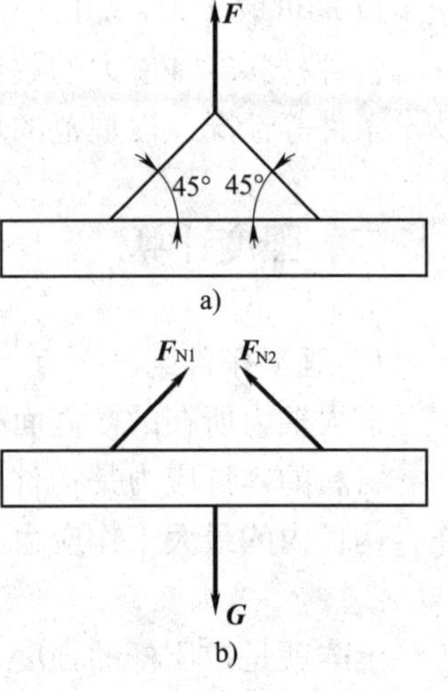

图 3—15　吊绳受力分析

从而可以判断，此起重机吊绳能满足强度要求。

应用案例

案例 1　一钢制直杆受力如图 3—16a 所示。已知 $[\sigma]$ = 160 MPa，A_1 = 400 mm²，A_2 = 150 mm²，试校核此杆的强度。

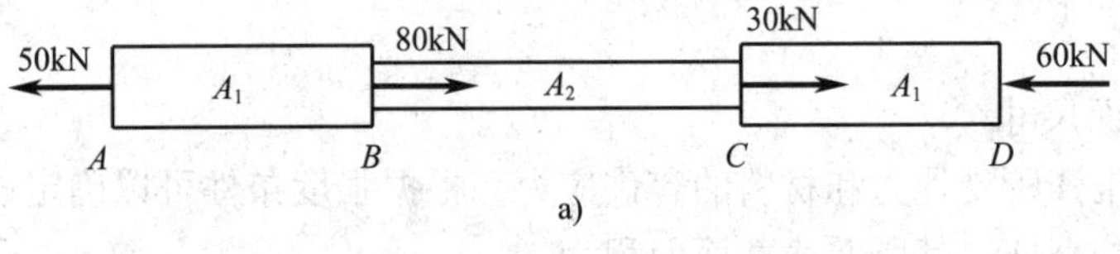

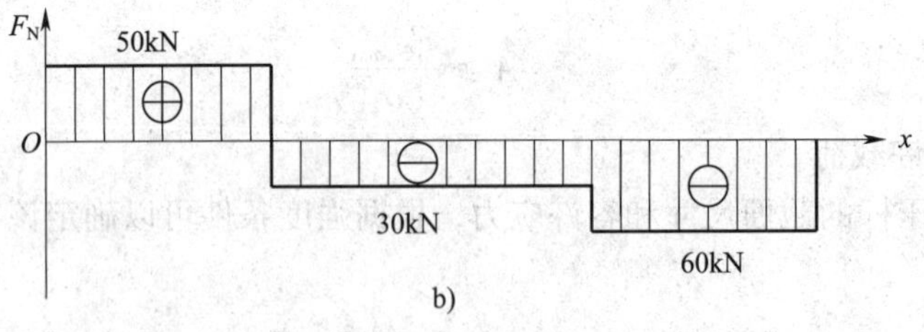

图 3—16　直杆受力图

解：

（1）用截面法计算杆件各段轴力，并画轴力图，如图 3—16b 所示。

（2）确定可能的危险截面。

CD 段截面——因其轴力 F_{N3} = 60 kN 最大。

BC 段截面——其轴力 F_{N2} = 30 kN 虽然最小，但面积亦最小。

注意到 AB 段截面不可能是危险截面，因为其轴力 $F_{N1} < F_{N3}$，且 AB 段和 CD 段的截面面积相同。

（3）用强度条件校核该杆的强度安全性。

BC 段：

$$\sigma_{BC} = \frac{F_{N2}}{A_2} = \frac{30 \times 10^3}{150 \times 10^{-6}} \times 10^{-6} = 200 \text{ MPa}(\text{压应力}) > [\sigma] = 160 \text{ MPa}$$

CD 段：

$$\sigma_{CD} = \frac{F_{N3}}{A_1} = \frac{60 \times 10^3}{400 \times 10^{-6}} \times 10^{-6} = 150 \text{ MPa}(\text{压应力}) < [\sigma] = 160 \text{ MPa}$$

可见，CD 段满足强度要求，而 BC 段不满足强度要求。因此，此杆是不安全的。

案例 2 如图 3—17 所示桥梁承台施工时，承台模板支撑和固定采用对拉螺栓。混凝土对模板的侧压力为 26 kPa；对拉螺栓横向间距为 0.75 m，纵向间距为 0.85 m；对拉螺栓的容许应力 $[\sigma]$ = 115 MPa。试选用对拉螺栓直径。

图 3—17 桥梁承台模板支撑图

解：

（1）计算对拉螺栓承受的拉力

$$F_{N,\max} = 26 \times 10^3 \times 0.75 \times 0.85 = 16\,575 \text{ N}$$

（2）根据式（3—9）计算对拉螺栓的最小截面面积

$$A \geqslant \frac{F_{N,\max}}{[\sigma]} = \frac{16\,575}{115} = 144 \text{ mm}^2$$

（3）计算对拉螺栓的最小直径 d

$$A = \frac{\pi}{4}d^2 \geqslant 144 \text{ mm}^2$$

则

$$d \geqslant 13.5\ \text{mm}$$

故选用直径为 14 mm 的螺栓，即选用 M14 螺栓。

案例 3　如图 3—18a 所示桁架，杆 AB 为直径 $d=28$ mm 的钢杆，其容许应力为 $[\sigma_1]=160$ MPa；杆 BC 为横截面面积 $A_2=10\ 000\ \text{mm}^2$ 的木杆，容许应力为 $[\sigma_2]=8$ MPa。试求该桁架的容许载荷 F_{max}。

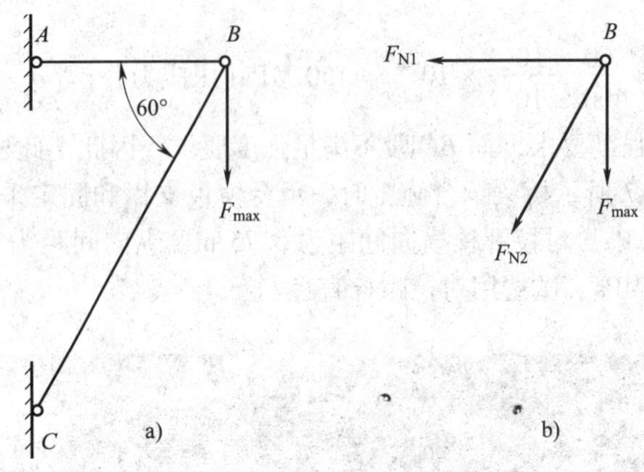

图 3—18　桁架受力图

解：

（1）静力分析

取节点 B 为研究对象，受力如图 3—18b 所示。根据节点 B 的平衡方程

$$\begin{cases} \sum F_x = 0 \\ \sum F_y = 0 \end{cases}$$

$$\begin{cases} F_{N1} + F_{N2}\cos 60^\circ = 0 \\ F + F_{N2}\sin 60^\circ = 0 \end{cases}$$

解得

$$\begin{cases} F_{NAB} = F_{N1} = \dfrac{1}{\sqrt{3}}F\text{（拉力）} \\ F_{NBC} = F_{N2} = -\dfrac{2}{\sqrt{3}}F\text{（压力）} \end{cases}$$

（2）由强度条件公式（3—10）确定容许荷载

杆 AB：

$$F_{NAB} \leqslant A_1[\sigma_1] = \frac{\pi}{4}d^2[\sigma_1] = \frac{\pi}{4}\times 28^2\times 160 = 98.5\ \text{kN}$$

$$F \leqslant 98.5\times\sqrt{3} = 170.6\ \text{kN}$$

杆 BC：

$$F_{NBC} \leqslant A_2[\sigma_2] = 10\ 000 \times 8 = 80.0\ \text{kN}$$

$$F \leqslant 80.0 \times \frac{\sqrt{3}}{2} = 69.2\ \text{kN}$$

可见，该桁架的容许载荷由方木杆 BC 的强度条件确定，其值为 $F_{max} = 69.2\ \text{kN}$。

任务三　计算拉压杆的变形

能计算拉压杆的绝对变形和相对变形。

桥梁施工中，在支架上现浇上部构造时，都要设置施工预拱度，而设置施工预拱度时，所要考虑的因素之一就是支架受载后的弹性变形。如图3—19所示为支架现浇T梁，支架立柱在载荷作用下的弹性压缩就是施工预拱度设置时要考虑的因素。

图3—19　支架现浇T梁

工作任务

图 3—19 所示的支架立柱，其受力简图如图 3—20 所示。已知钢管立柱高度为 6 m，外径 $d_1 = 159$ mm，内径 $d_2 = 139$ mm，受轴向压力 $F = 100$ kN，弹性模量 $E = 200$ GPa，试求它的总压缩量。

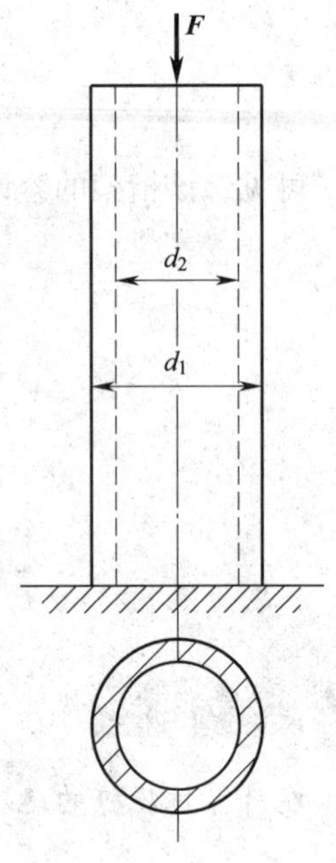

图 3—20 立柱受力简图

相关理论

一、轴向拉伸和压缩时的变形

杆件在轴向外力作用下，其主要的变形特征为轴向伸长或缩短。由实验得知，轴向受拉杆在沿轴向伸长的同时，伴随横向尺寸的缩小；轴向受压杆在沿轴向缩短的同时，横截面尺寸有所增大。

如图 3—21a 所示，拉杆的原长为 l，在轴向拉力 F 作用下，其长度变为 l_1，则杆的轴向伸长为

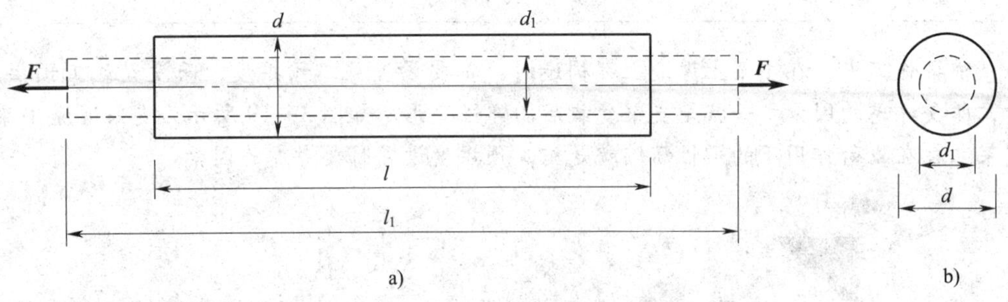

图 3—21 轴向拉伸杆

$$\Delta l = l_1 - l \tag{3—11}$$

Δl 为杆沿轴向的总变形量。

Δl 为绝对变形，绝对变形直观，可直接测量，但无法表示变形程度。例如，绝对变形相同，但原长不同，则其变形程度不同。为消除原长的影响，用单位长度的绝对变形来反映其变形程度。因此，称单位长度的绝对变形为线应变，也叫相对应变，用 ε 表示。于是，拉压杆的轴向线应变为

$$\varepsilon = \frac{\Delta l}{l} \tag{3—12}$$

由式（3—11）可知，拉杆的 Δl 为正，则拉杆的轴向线应变 ε 为正值；压杆的 Δl 为负，则压杆的轴向线应变 ε 为负值。

图 3—21b 所示为一直径等于 d 的圆截面杆，受轴向拉力 F 作用后，直径缩小为 d_1，则杆的横向变形为

$$\Delta d = d_1 - d \tag{3—13}$$

相应的杆横向线应变为

$$\varepsilon' = \frac{\Delta d}{d} \tag{3—14}$$

由式（3—13）可知，轴向受拉杆的横截面尺寸减小，Δd 为负，则受拉杆的横向线应变 ε' 为负值；轴向受压杆的横截面尺寸增大，Δd 为正，则受压杆的横向线应变 ε' 为正值。

通过上述分析可认为，杆的轴向线应变 ε 和杆的横向线应变 ε' 的正负号相反。

二、泊松比

实验结果表明，当拉（压）杆内的应力不超过材料的弹性比例极限时，其横向线应变 ε' 与轴向线应变 ε 的绝对值之比为一常数，此比值称为“横向变形系数”或“泊松（S. D. Poisson）比”，通常用 υ 表示。

$$\upsilon = \left|\frac{\varepsilon'}{\varepsilon}\right| \tag{3—15}$$

υ 为无量纲的量，其数值随材料不同而异，可通过试验测定。常用建筑材料的 υ 值见表 3—1。

表 3—1　　常用建筑材料的 E 值和 υ 值

材料	E（GPa）	υ
钢	206	0. 3
铸铁	115 ~ 160	0. 23 ~ 0. 27
铜及其合金	100 ~ 110	0. 31 ~ 0. 36
铝及硬铝	70	0. 32 ~ 0. 36
混凝土	14. 5 ~ 36	0. 08 ~ 0. 18

由于 ε' 与 ε 的正负号相反，故有

$$\varepsilon' = -\upsilon\varepsilon \tag{3—16}$$

三、胡克定律

工程中由低碳钢、合金钢等材料制成的杆的轴向变形量，与其所受外力之间存在着某种特定关系，这种关系与材料的性质有关。经实验证明：当杆内的应力不超过弹性比例极限时，杆的轴向变形量 Δl 与其所受的外力 F、杆的原长 l 成正比，与杆的横截面面积 A 成反比，即

$$\Delta l \propto \frac{Fl}{A}$$

引进比例常数 E 后，有

$$\Delta l = \frac{Fl}{EA} \tag{3—17a}$$

对于轴力杆，因

$$F = F_N$$

则有

$$\Delta l = \frac{F_N l}{EA} \tag{3—17b}$$

这一关系式称为胡克定律。

式中的比例常数 E 称为弹性模量，单位为 Pa。弹性模量的大小反映了材料抵抗弹性变形的能力。弹性模量 E 的值可通过试验测定。常用建筑材料的 E 值见表 3—1。

EA 称为杆的抗拉（或抗压）刚度，也叫轴向刚度。对长度相等且受力相同的拉（压）杆，EA 越大，则产生的轴向变形越小。

根据式 3—17a、b，如果已知杆所受外力 F 或轴力 F_N，即可计算出杆的轴向变形量 Δl（伸长或缩短）。式中轴力 F_N 与轴向变形量 Δl 的正负号是相对应的，当轴力 F_N 为正（拉力）时，求得正号的 Δl（伸长量）；当轴力 F_N 为负（压力）时，求得负号的 Δl（缩短量）。

将式（3—17b）改写为

$$\frac{\Delta l}{l} = \frac{1}{E} \cdot \frac{F_N}{A}$$

式中，$\frac{\Delta l}{l} = \varepsilon$ 为杆内任一点处的轴向线应变，$\frac{F_N}{A} = \sigma$ 为杆横截面上的正应力，将这两个关系式代入上式，可得胡克定律的另一表达式

$$\varepsilon = \frac{\sigma}{E} \tag{3—18}$$

式（3—18）可以普遍地适用于拉杆、压杆和所有的单轴应力状态。

则胡克定律也可简述为：当杆内应力不超过材料的弹性比例极限时，应力与应变成正比。

四、材料拉伸和压缩时的力学性能

材料在拉伸和压缩时的力学性能，是指材料在受力过程中在强度和变形方面表现出来的特性，是解决强度、刚度和稳定性问题不可缺少的依据。材料在拉伸和压缩时的力学性能主要通过拉伸、压缩试验得到。以下主要介绍在室温条件下，塑性材料和脆性材料在拉伸和压缩时的力学性能。

1. 材料在拉伸时的力学性能

为了便于对试验结果进行比较，拉伸试验采用 GB/T 228. 1—2010《金属材料 拉伸试验

第1部分：室温试验方法》规定的标准试件。

（1）塑性材料拉伸时的力学性能

低碳钢是典型的塑性材料，由低碳钢的拉伸试验所得的应力—应变关系曲线图（见图3—22）可知，一般塑性材料拉伸时呈现如下四个阶段：

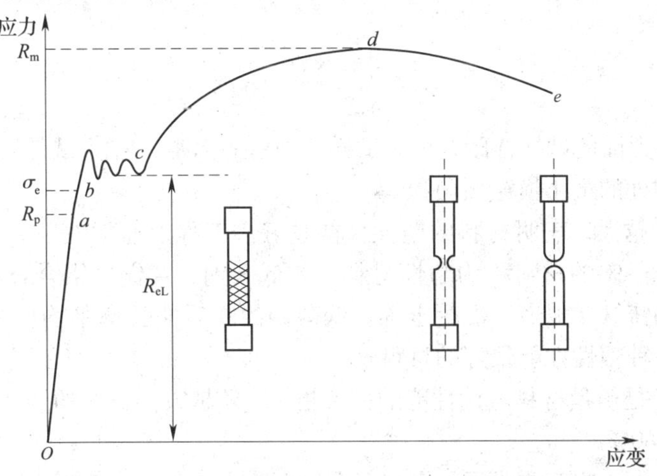

图3—22　低碳钢拉伸时的应力—应变曲线

第Ⅰ阶段：弹性阶段（*Ob* 段）

弹性阶段可分为两段：直线段 *Oa* 和微弯段 *ab*。

Oa 段为直线段，*a* 点对应的应力为比例极限，用 R_p 表示。此阶段应力与应变呈线性关系，遵循胡克定律。

ab 段为微弯曲线段，若在 *b* 点前卸载，试件仍无塑性变形，*b* 点对应的应力为弹性极限，用 σ_e 表示。*a*、*b* 两点非常接近，工程上对 *a*、*b* 两点并不严格区分，但物理意义是不同的。

第Ⅱ阶段：屈服阶段（*bc* 段）

超过弹性极限后，应力—应变曲线将呈接近水平线的小锯齿形（*bc* 段）。这时应力变化不大，应变急剧增大，材料暂时失去了抵抗变形的能力，这种现象称为屈服。此阶段材料已开始产生塑性变形，其对应的应力为屈服强度，用 R_{eL}表示。工程中的大多数构件一旦出现显著的塑性变形，将不能正常工作（或称失效），所以屈服强度 R_{eL}是衡量材料失效与否的强度指标。

第Ⅲ阶段：强化阶段（*cd* 段）

经过屈服阶段后，材料又增加了抵抗变形的能力，要使试件继续伸长就必须再增加拉力，这个阶段称为强化阶段。曲线最高点 *d* 点所对应的应力称为抗拉强度，用 R_m 表示，代表材料破坏前所能承受的最大应力。

第Ⅳ阶段：缩颈阶段（*de* 段）

在 *d* 点之前试件产生均布变形。过 *d* 点后，试件在某一局部范围内，横向尺寸突然急剧缩小，形成缩颈现象（见图3—22）。因局部横截面的收缩，试件再继续变形所需的拉力逐渐减小，曲线自 *d* 点后下降，直至 *e* 点试件断裂。

在拉伸试验中，可以测得表示材料塑性变形能力的两个指标：断后伸长率和断面收缩率。

1）断后伸长率

$$A = \frac{l_u - l_0}{l_0} \times 100\% \tag{3—19}$$

2）断面收缩率

$$Z = \frac{S_0 - S_u}{S_0} \times 100\% \tag{3—20}$$

式中，l_0 为施力前的试样标距，l_u 为试样断裂后的标距；S_0 为试件原始横截面面积，S_u 为试件拉断后缩颈处的最小横截面面积。

断后伸长率 A 越大，表明材料的塑性性能越好。工程上通常按断后伸长率的大小把材料分为两大类：$A>5\%$ 的材料称为塑性材料，如低碳钢、黄铜、铝合金等；$A<5\%$ 的材料称为脆性材料，如铸铁、玻璃、混凝土等。低碳钢的断后伸长率平均值为 $A=20\% \sim 30\%$，这说明低碳钢是一种塑性性能很好的材料。

断面收缩率 Z 是衡量材料塑性性能的另一指标，Z 越大，材料的塑性性能越好。低碳钢的断面收缩率 $Z\approx60\%$。

不同材料的应力—应变曲线不一定都存在以上四个阶段。在工程实际中，对没有屈服阶段的塑性材料，通常规定以产生塑性应变为 0.2% 时的应力值作为屈服强度，称为材料的名义屈服强度，用 $R_{p0.2}$ 表示。如图 3—23 所示。

（2）脆性材料拉伸时的力学性能

对于脆性材料如灰铸铁，拉伸时的应力—应变曲线（见图 3—24），没有明显的直线部分，即灰铸铁拉伸无屈服显现，拉断时变形很小。因此，脆性材料拉断时的最大应力即为抗拉强度 R_m，是衡量强度的唯一指标。灰铸铁等脆性材料的抗拉强度很低，所以不宜作为抗拉构件的材料。

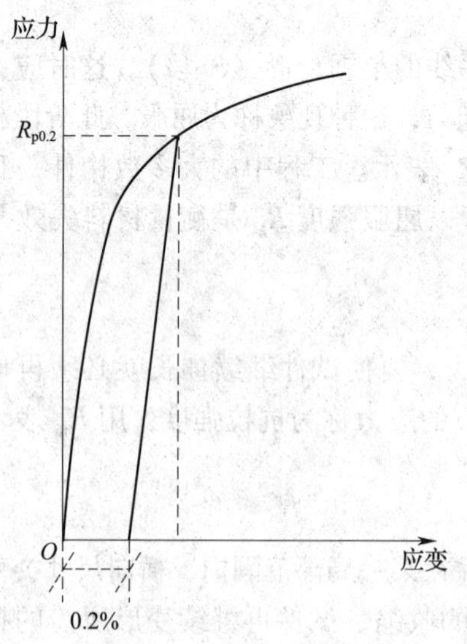

图 3—23　名义屈服强度

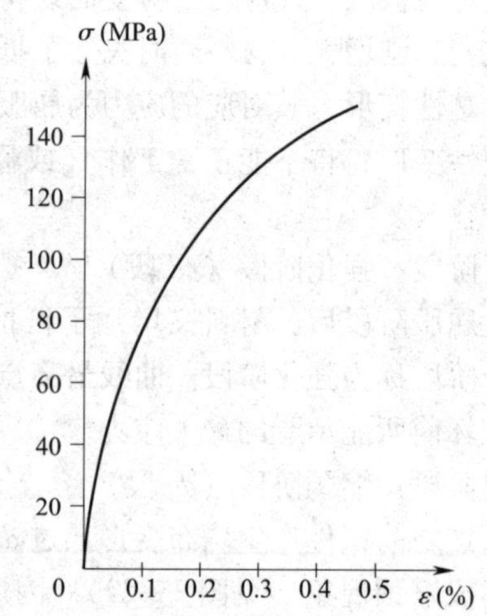

图 3—24　灰铸铁拉伸时的应力—应变曲线

2. 材料在压缩时的力学性能

压缩试件常采用圆柱体和立方体两种。金属材料一般采用粗短圆柱体试件，非金属材料（如混凝土、石料等）常做成立方块。

（1）塑性材料压缩时的力学性能

低碳钢是典型的塑性材料，压缩时的应力—应变曲线如图 3—25 所示。和拉伸时的曲线相比，在屈服前两曲线基本重合，且 R_p、R_{eL}、E 与拉伸时基本相同。屈服后随着压力的增大，试件被压成“鼓形”，最后被压成薄饼形状，不发生破坏，因而得不到压缩时的抗压强度。

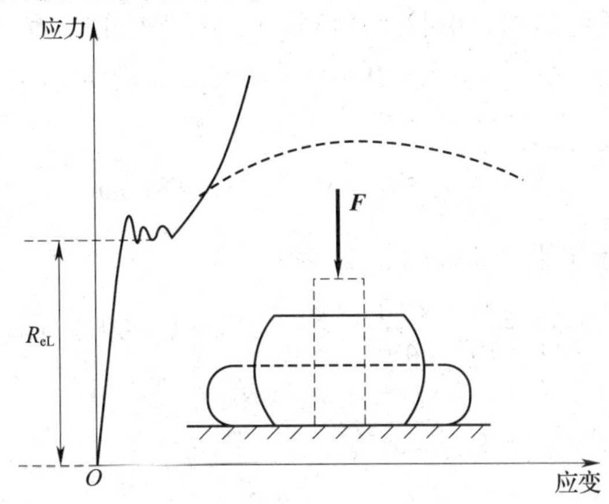

图 3—25 低碳钢压缩时的应力—应变曲线

类似的情况在一般的塑性材料中也存在。因此，工程中常认为塑性材料在拉伸与压缩时的力学性能是相同的，一般以拉伸试验所测得的力学性能为依据。

（2）脆性材料压缩时的力学性能

灰铸铁是典型的脆性材料，压缩时的应力—应变曲线如图 3—26 所示。试件在较小变形时突然破坏，压缩时的抗压强度和延伸率都比拉伸时大得多，且其断裂面与轴线大致成 45°～55°角，根据应力分析，灰铸铁压缩破坏属于剪切破坏。

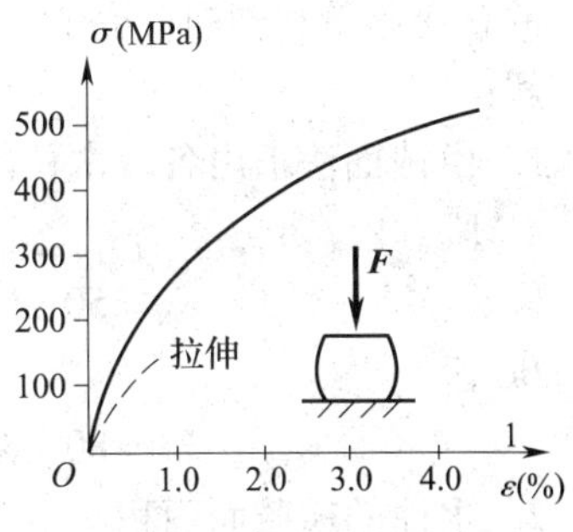

图 3—26 灰铸铁压缩时的应力—应变曲线

对于其他脆性材料，如混凝土、石料等，压缩时的抗压强度也远大于拉伸时的抗拉强度。所以工程上常用脆性材料制作受压构件。

3. 常用材料的力学性能比较

（1）塑性材料在断裂前有较大塑性变形，其塑性指标（A 和 Z）较高；而脆性材料的变形较小，塑性指标较低。这是它们的根本区别。

（2）脆性材料的抗压能力远比抗拉能力强，且其价格便宜，适用于制作受压构件；塑性材料的抗压与抗拉能力相近，适用于制作受拉构件。

（3）塑性材料在破坏前的变形较大，其抗冲击的能力强于脆性材料，所以塑性材料也适用于制作受冲击或振动的构件。

（4）塑性材料和脆性材料对应力集中的敏感程度是不相同的，应力集中现象对于脆性材料的危害要比塑性材料严重得多。

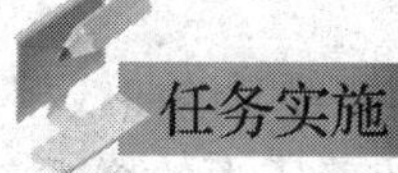

根据胡克定律，计算任务中钢管立柱的总压缩量。

根据图 3—20 所示受力简图，由截面法可求出钢管立柱的轴力

$$F_N = -100\ \text{kN}(\text{轴向受压})$$

钢管的横截面面积

$$A = \frac{\pi}{4}(159^2 - 139^2) = 4\ 681\ \text{mm}^2$$

利用式（3—17b）求出钢管立柱的总压缩量

$$\Delta l = \frac{F_N l}{EA} = \frac{-100 \times 10^3 \times 6}{200 \times 10^9 \times 4\ 681 \times 10^{-6}} = -0.000\ 6\ \text{m} = -0.6\ \text{mm}$$

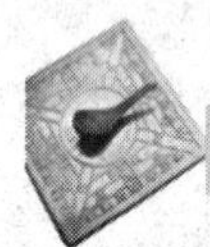

案例　如图 3—27 所示，一木柱受图示一组力的作用，柱的横截面为边长 $a = 150$ mm 的正方形，材料的弹性模量 $E = 10$ GPa，试求它的总变形量和轴向应变值。

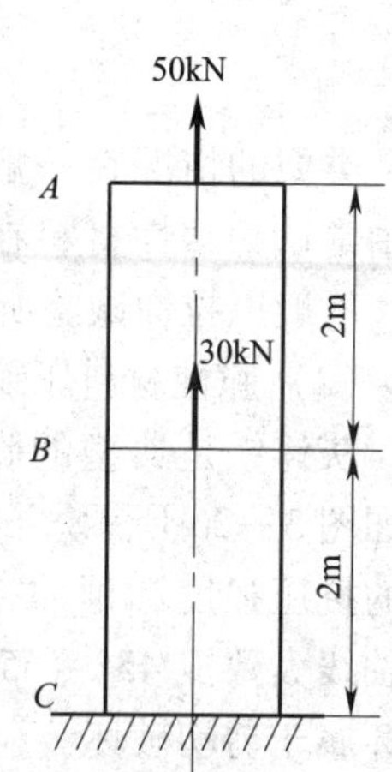

图 3—27　轴向受力木柱

解：

1．由截面法求出各段木柱的轴力

AB 段：

$$F_N = 50\ \text{kN}（\text{轴向受拉}）$$

BC 段：

$$F_N = 80\ \text{kN}（\text{轴向受拉}）$$

2．木柱的横截面面积

$$A = 150 \times 150 = 22\ 500\ \text{mm}^2$$

3．利用式（3—17b）求各段木柱的变形量

AB 段：

$$\Delta l_{AB} = \frac{F_N l}{EA} = \frac{50 \times 10^3 \times 2}{10 \times 10^9 \times 22\ 500 \times 10^{-6}} = 0.000\ 4\ \text{m} = 0.4\ \text{mm}$$

BC 段：

$$\Delta l_{BC} = \frac{F_N l}{EA} = \frac{80 \times 10^3 \times 2}{10 \times 10^9 \times 22\ 500 \times 10^{-6}} = 0.000\ 7\ \text{m} = 0.7\ \text{mm}$$

4．利用式（3—12）求各段木柱的轴向线应变

AB 段：

$$\varepsilon_{AB} = \frac{\Delta l}{l} = \frac{0.000\ 4}{2} = 0.000\ 2 = 2 \times 10^{-4}$$

BC 段：

$$\varepsilon_{BC} = \frac{\Delta l}{l} = \frac{0.000\ 7}{2} = 0.000\ 35 = 3.5 \times 10^{-4}$$

则：

木柱的总变形量

$$\Delta l = \Delta l_{AB} + \Delta l_{BC} = 0.4 + 0.7 = 1.1\ \text{mm}$$

木柱的总轴向应变值

$$\varepsilon = \varepsilon_{AB} + \varepsilon_{BC} = (2 + 3.5) \times 10^{-4} = 5.5 \times 10^{-4}$$

思考与练习

1. 试求习题图 3—1 所示各杆指定截面处的轴力，并作杆的轴力图。

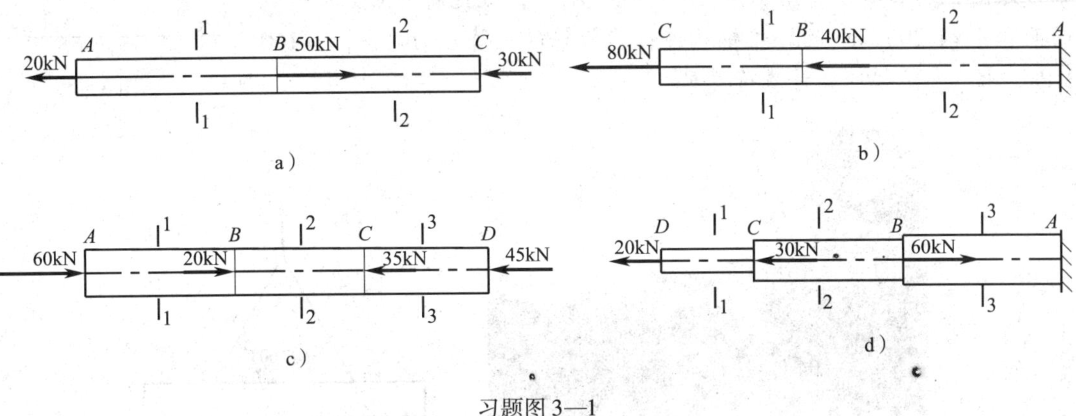

习题图 3—1

2. 一方形木柱受力如习题图 3—2 所示，柱的横截面为边长 $a = 150$ mm 的正方形，材料的弹性模量 $E = 10$ GPa，试求各段柱横截面上的应力。

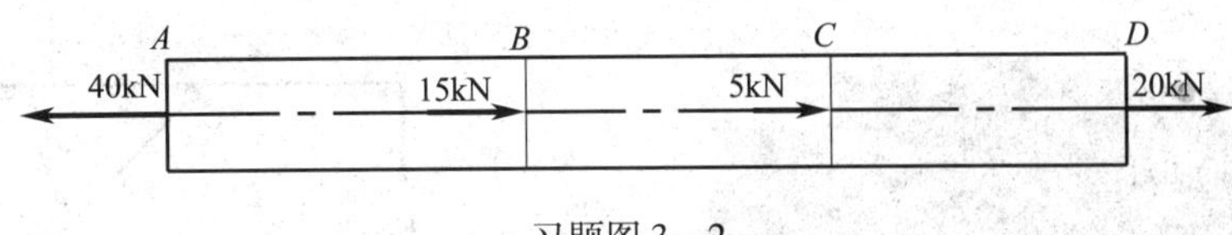

习题图 3—2

3. 一根直径 $d = 20$ mm 的圆截面杆，受力如习题图 3—3 所示，材料弹性模量 $E = 200$ GPa，AB 长为 1 m，BC 长为 0.5 m。试求：

（1）作轴力图。

（2）各段柱横截面上的应力。

（3）杆端 C 的水平位移。

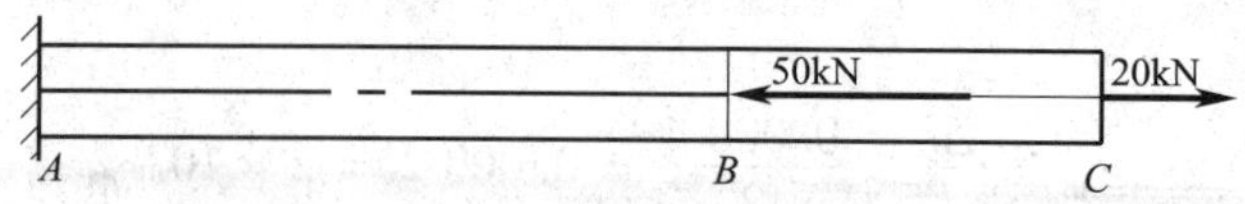

习题图 3—3

4. 一变截面圆杆，受力如习题图 3—4 所示。$d_1 = 200$ mm，$d_2 = 100$ mm，材料弹性模量 $E = 0.2 \times 10^6$ MPa。试求：

(1) 各段圆柱横截面上的应力。

(2) 各段圆柱的纵向线应变。

(3) 圆杆的总压缩变形量。

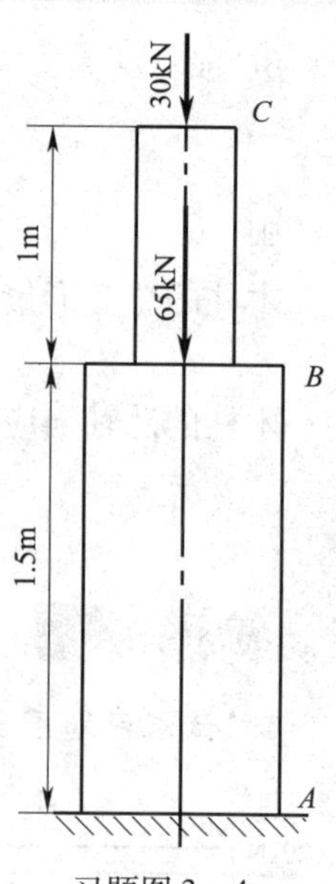

习题图 3—4

5. 如习题图 3—5a 所示，预起吊质量为 100 t 的钢箱，起重机吊绳与钢箱纵轴方向成 60°角，其受力简图如习题图 3—5b 所示。起重机吊绳用 Q235 钢制成，容许应力 [σ] = 160 MPa；绳的横截面面积 $A = 1\ 963\ \text{mm}^2$。试验算此起重机吊绳是否安全。

6. 桥梁施工时用的三角托架如习题图 3—6a 所示，其受力简图如习题图 3—6b 所示。结构中 AB 杆视为刚体，假定斜杆 CD 为横截面面积 $A = 1\ 200\ \text{cm}^2$ 的焊接钢构件，其材料的容许应力 [σ] = 160 MPa，求三角托架的容许载荷 [F]。

a）

b）

习题图 3—5

a）

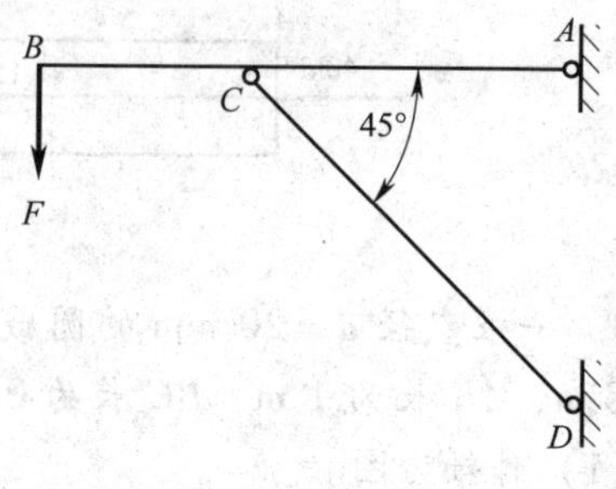

b）

习题图 3—6

7. 习题图 3—7 所示桁架中的 BC、AB 杆分别为圆钢杆和截面边长 $a=50$ mm 的正方形木杆。已知钢材的 $[\sigma]=160$ MPa，木材的 $[\sigma]=10$ MPa，试校核 AB 杆的强度，并确定圆杆 BC 的直径。

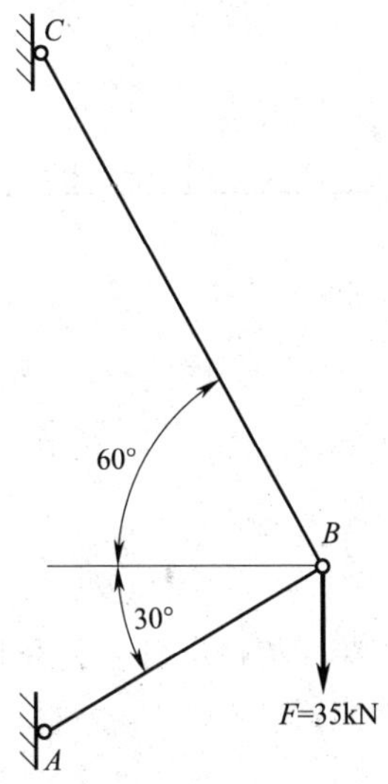

习题图 3—7

模块四

剪切实用计算

1. 能对工程中的铆接、对接、搭接构件进行受力分析。
2. 能分析剪切构件的承载力。

在工程中，为了将构件相互连接起来，常用铆钉、螺栓、榫或销钉等连接。如图4—1所示桥梁施工接桩时常用的法兰盘接头，就是采用螺栓连接；图4—2所示扣件式脚手架，也是采用螺栓连接。而这些连接件的受力与变形一般是很复杂的，很难作出精确的理论分析，在工程中通常采用实用的简化分析方法。

图4—1　法兰盘的螺栓连接

图4—2　扣件式脚手架的插销

此外，也常采用企口接缝连接。如图 4—3 所示为木地板的企口接缝连接，图 4—4 所示为圆管涵管节连接采用的承插口接缝连接。这些连接在工程中通常也采用实用的简化分析方法。

图 4—3 木地板的企口接缝连接

图 4—4 圆管涵的承插口接缝连接

如图 4—5a 所示的钢箱梁拼接时，采用定位器固定。定位器底板与钢箱梁顶板采用螺栓连接，受 $F=100$ kN 的载荷作用，其受力简图如图 4—5b 所示，连接板宽 $b=200$ mm，板厚 $t=16$ mm，螺栓直径 $d=18$ mm，容许切应力 $[\tau]=100$ MPa，容许挤压应力 $[\sigma_{bs}]=300$ MPa，容许拉应力 $[\sigma]=160$ MPa，试校核该接头的强度。

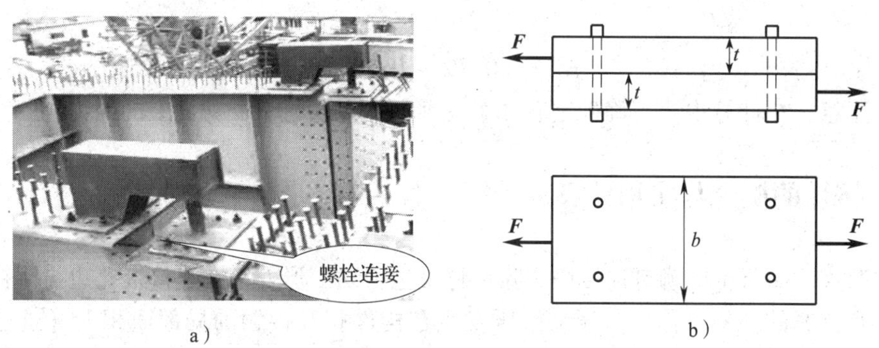

图 4—5 定位器连接

一、剪切的概念与实用计算

如图 4—6a 所示两块钢板通过铆钉连接，在一对反作用力 F 的作用下，铆钉两侧面上分别受到大小相等、方向相反、作用线平行的两组外力系的作用（见图 4—6b）。铆钉在这样的外力作用下，将沿截面 $m—m$ 发生相对错动，这种变形形式称为剪切。发生剪切变形的截面 $m—m$，称为受剪面或剪切面。

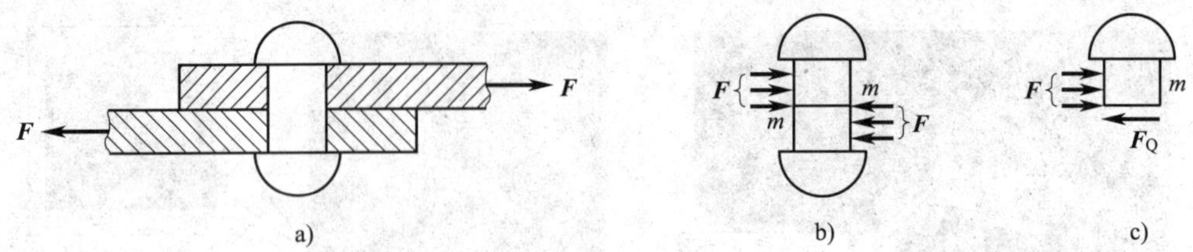

图 4—6　铆钉连接

应用截面法，可求出受剪面 $m—m$ 上的剪力 F_Q（见图 4—6c）。在工程实用计算中，通常假定受剪面上的切应力均匀分布，于是，受剪面上的名义切应力为

$$\tau = \frac{F_Q}{A} \tag{4—1}$$

式中　F_Q——受剪面上的剪力，N 或 kN。

A——受剪面的面积，m^2。

通过材料的剪切破坏试验，可得剪切破坏时材料的极限名义切应力 τ_u，再除以安全系数，即得材料的容许切应力［τ］。于是，抗剪强度条件为

$$\tau = \frac{F_Q}{A} \leqslant [\tau] \tag{4—2}$$

抗剪强度条件假定计算中的容许切应力［τ］与拉伸容许应力［σ］有关。对于钢材，有

$$[\tau] = (0.75 \sim 0.80)[\sigma]$$

需要注意，在计算中要正确确定有几个受剪面，以及每个受剪面上的剪力。

二、挤压的概念与实用计算

在如图 4—6a 所示的铆钉连接中，除铆钉发生剪切变形外，在连接板孔边与铆钉之间还存在着相互压紧的现象，称为挤压。挤压发生在构件相互接触的局部面积上（这也是与压缩的最大区别），它在构件接触面附近的局部区域内产生较大的接触应力，称为挤压应力，用 σ_{bs} 表示。挤压应力是垂直于接触面的正应力。当挤压应力过大时，将会在构件相互接触的局部区域产生过量的塑性变形，从而导致相互接触的两构件失效。

挤压接触面上的应力分布同样也是很复杂的，在工程计算中也是采用假定计算，即假定挤压应力在有效挤压面上均匀分布。于是，可得名义挤压应力为

$$\sigma_{bs} = \frac{F_{bs}}{A_{bs}} \tag{4—3}$$

式中，F_{bs} 为接触面上的挤压力，A_{bs} 为有效挤压面面积。当挤压面为平面接触时，有效

挤压面面积等于实际承压面积；当挤压面为圆柱面接触时，有效挤压面面积为实际承压面积在垂直于挤压力的直径平面上的投影面积（如螺栓、销钉等）。

通过直接试验，并按公式（4—3）求出材料的极限名义挤压应力，从而确定容许挤压应力 $[\sigma_{bs}]$。于是，抗挤压强度条件为

$$\sigma_{bs} = \frac{F_{bs}}{A_{bs}} \leqslant [\sigma_{bs}] \tag{4—4}$$

应当注意，挤压应力是在连接件与被连接件之间相互作用的。因而，当两者材料不同时，应校核其中容许挤压应力较低的材料的抗挤压强度。

上面介绍的实用计算方法，从理论上看虽不够完善，但对一般的连接件来说，用这种简化方法计算还是比较方便和切合实际的，故在工程计算中被广泛地应用着。

采用实用的简化分析方法计算工作任务中接头的强度。

1．螺栓的抗剪强度校核

因外力的作用线通过螺栓群横截面的形心，且各螺栓的材料与直径均相同，则每个螺栓的受力都相等。因此，对于图 4—7a 所示螺栓群，各螺栓剪切面上的剪力均应为

$$F_Q = \frac{F}{4} = \frac{100}{4} = 25 \text{ kN}$$

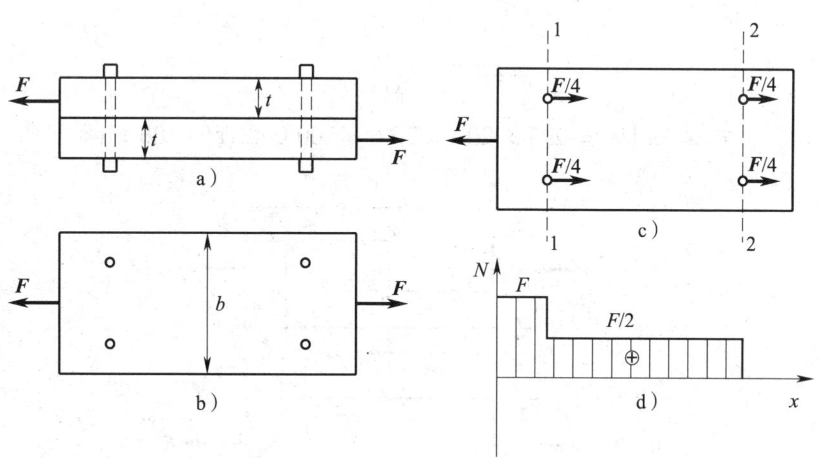

图 4—7　定位器连接受力简图

而相应的切应力则为

$$\tau = \frac{F_Q}{A} = \frac{F_Q}{\frac{\pi}{4}d^2} = \frac{25 \times 10^3}{\frac{\pi}{4} \times 18^2} = 98 \text{ MPa} < [\tau] = 100 \text{ MPa}$$

这表明螺栓的抗剪强度满足要求。

2．螺栓的抗挤压强度校核

螺栓所受的挤压力等于剪切面上的剪力 F_Q，即 $F_{bs}=F_Q=25$ kN，螺栓的挤压应力为

$$\sigma_{bs}=\frac{F_{bs}}{A_{bs}}=\frac{F_{bs}}{td}=\frac{25\times10^3}{16\times18}=87\ \text{MPa}<[\sigma_{bs}]=300\ \text{MPa}$$

这表明螺栓的抗挤压强度足够。

3．板的抗拉强度校核

板的受力如图4—7c 所示。利用截面法，可求出板各段的轴力，并画出其轴力图（见图4—7d）。由图可见，板的危险截面为截面1—1，它的应力为

$$\sigma_{1-1}=\frac{F_{N1}}{A_1}=\frac{F}{(b-2d)t}=\frac{100\times10^3}{(200-2\times18)\times16}=38\ \text{MPa}<[\sigma]=160\ \text{MPa}$$

这表明板的抗拉强度足够。所以，该接头是安全的。

应用案例

案例1　一木质拉杆接头部分如图4—8 所示。已知接头处的尺寸为 $l=h=b=200$ mm，材料的容许应力 $[\sigma]=5$ MPa，$[\sigma_{bs}]=10$ MPa，$[\tau]=2.5$ MPa，求容许拉力 $[F]$。

解：

1．按抗剪强度确定容许拉力

接头左半部分拉杆的受剪面 m—n（见图4—8a）上的剪力为 $F_Q=F$，受剪面面积为 $A=bl$，由式（4—2）得

$$\tau=\frac{F_Q}{A}=\frac{F}{bl}\leqslant[\tau]$$

$$F\leqslant[\tau]bl=2.5\times200\times200=100\ 000\ \text{N}=100\ \text{kN}$$

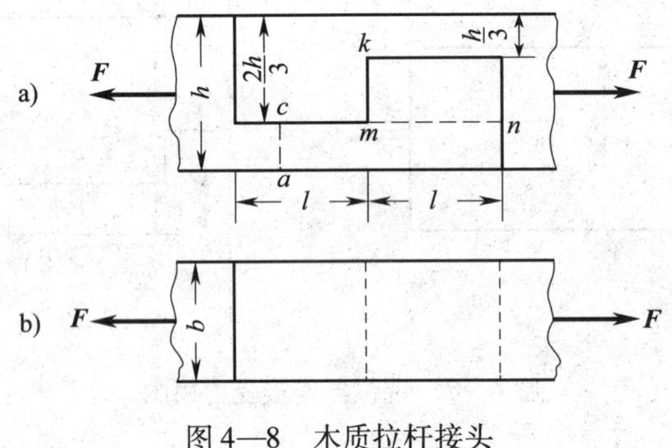

图4—8　木质拉杆接头

2．按抗挤压强度确定容许拉力

挤压面 m—k（见图4—8a）上的挤压力为 $F_{bs}=F$，有效挤压面积为 $A_{bs}=\frac{1}{3}bh$，由式（4—4）得

$$\sigma_{bs} = \frac{F_{bs}}{A_{bs}} = \frac{F}{\frac{1}{3}bh} \leqslant [\sigma_{bs}]$$

$$F \leqslant [\sigma_{bs}] \times \frac{1}{3}bh = 10 \times \frac{1}{3} \times 200 \times 200 = 133\ 333\ \text{N} = 133.33\ \text{kN}$$

3. 按抗拉强度确定容许拉力

接头左半部分拉杆的危险截面 a—c（见图 4—8a）上的轴力为 $F_N = F$，该截面面积为 $A = \frac{1}{3}bh$，由轴向拉伸时的强度条件公式得

$$\sigma = \frac{F_N}{A} = \frac{F}{\frac{1}{3}bh} \leqslant [\sigma]$$

$$F \leqslant [\sigma] \times \frac{1}{3}bh = 5 \times \frac{1}{3} \times 200 \times 200 \approx 66\ 667\ \text{N} = 66.67\ \text{kN}$$

所以，容许拉力由抗挤压强度确定，其值为$[F]=66.67$ kN。

案例 2 如图 4—1 所示的法兰盘螺栓接头，受水平荷载 $F=120$ kN 的作用，其受力简图如图 4—9a 所示。连接板外径 $d_1=1\ 300$ mm，内径 $d_2=1\ 200$ mm，板厚 $t=20$ mm；螺栓直径 $d=20$ mm。材料容许切应力$[\tau]=100$ MPa，容许挤压应力$[\sigma_{bs}]=300$ MPa，容许拉应力 $[\sigma]=160$ MPa，试校核该接头的强度。

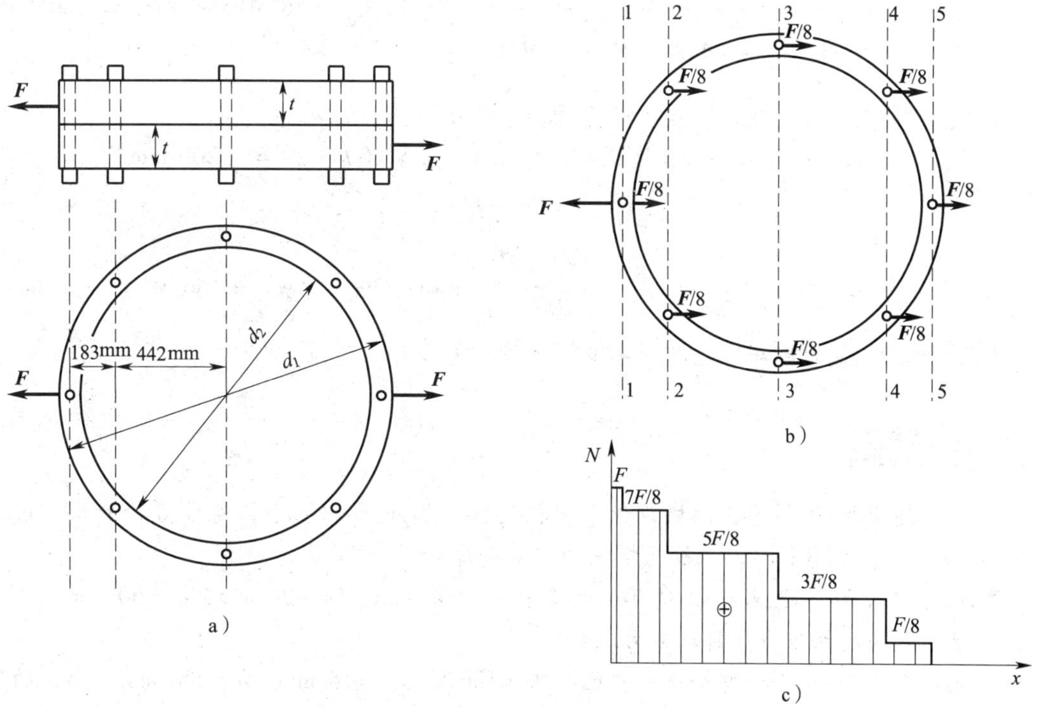

图 4—9 法兰盘螺栓接头受力分析图

1．螺栓的抗剪强度校核

因外力的作用线通过螺栓群横截面的形心，且各螺栓的材料与直径均相同，则每个螺栓的受力都相等。因此，对于图4—9a所示的螺栓群，各螺栓剪切面上的剪力应均为

$$F_Q = \frac{F}{8} = \frac{120}{8} = 15\ \text{kN}$$

而相应的切应力则为

$$\tau = \frac{F_Q}{A} = \frac{F_Q}{\frac{\pi}{4}d^2} = \frac{15\times10^3}{\frac{\pi}{4}\times20^2} = 48\ \text{MPa} < [\tau] = 100\ \text{MPa}$$

这表明螺栓的抗剪强度满足要求。

2．螺栓的抗挤压强度校核

螺栓所受的挤压力等于剪切面上的剪力 F_Q，即 $F_{bs}=F_Q=15$ kN，螺栓的挤压应力为

$$\sigma_{bs} = \frac{F_{bs}}{A_{bs}} = \frac{F_{bs}}{td} = \frac{15\times10^3}{20\times20} = 38\ \text{MPa} < [\sigma_{bs}] = 300\ \text{MPa}$$

这表明螺栓的抗挤压强度足够。

3．板的抗拉强度校核

板的受力如图4—9b所示。利用截面法，可求出板各段的轴力，并画出其轴力图（见图4—9c）。由图可见，板的危险截面为截面1—1、截面2—2。它们的应力分别为：

$$\sigma_{1-1} = \frac{F_{N1}}{A_1} = \frac{F}{\left[2\sqrt{\left(\frac{d_1}{2}\right)^2-(442+183)^2}-d\right]t} = \frac{120\times10^3}{337\times20} = 18\ \text{MPa} < [\sigma] = 160\ \text{MPa}$$

为安全起见且计算简便，取板2—2截面的受拉面面积为

$$A_2 = (d_1-d_2-2d)t = (1\,300-1\,200-2\times20)\times20 = 1\,200\ \text{mm}^2$$

则

$$\sigma_{2-2} = \frac{F_{N2}}{A_2} = \frac{\frac{7}{8}F}{1\,200} = \frac{\frac{7}{8}\times120\times10^3}{1\,200} = 88\ \text{MPa} < [\sigma] = 160\ \text{MPa}$$

这表明板的抗拉强度足够。所以，该接头是安全的。

思考与练习

1．如习题图4—1所示，两块钢板用螺栓连接，已知 $F=15$ kN，螺栓直径 $d=14$ mm，容许剪应力 $[\tau]=120$ MPa，试校核螺栓的抗剪强度。

2．木榫接头如习题图4—2所示，已知：$b=500$ mm，$l=400$ mm，$a=60$ mm，$F=60$ kN，试求接头的切应力和挤压应力。

3．如习题图4—3所示螺栓接头，已知 $F=180$ kN，$t=15$ mm，$b=200$ mm，螺栓的容许切应力 $[\tau]=120$ MPa，容许挤压应力 $[\sigma_{bs}]=300$ MPa，试求螺栓所需的直径 d。

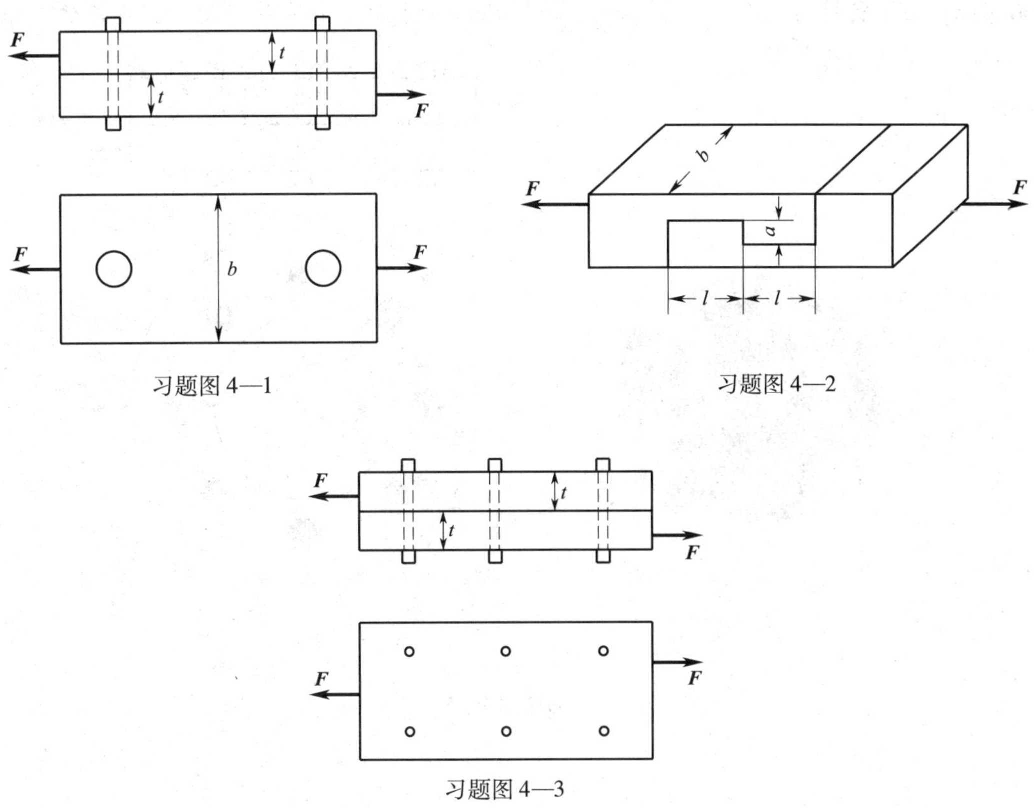

习题图 4—1

习题图 4—2

习题图 4—3

4．如习题图 4—4 所示螺栓接头，已知 $F=50$ kN；螺栓的容许切应力 $[\tau]=120$ MPa，容许挤压应力 $[\sigma_{bs}]=300$ MPa；板的容许拉应力 $[\sigma]=160$ MPa，$t=12$ mm，$b=250$ mm。试求所需螺栓的直径 d，并验证板的抗拉强度是否满足要求。

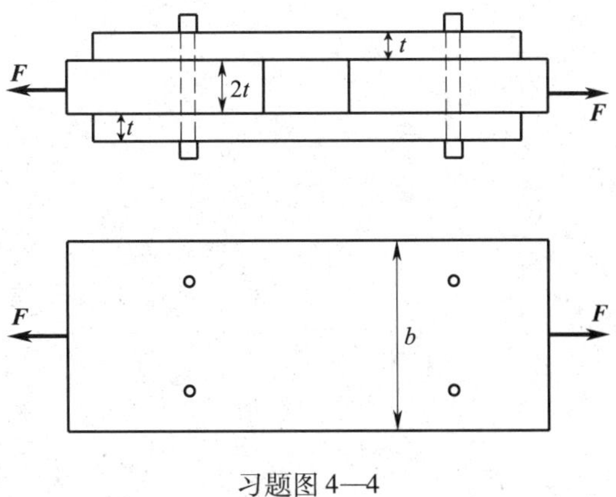

习题图 4—4

5．如习题图 4—5 所示凸缘联轴器，受力简图如习题图 4—5b 所示。凸缘之间用 8 个均布的螺栓连接，螺栓的直径 $d=12$ mm；凸缘外径 $d_1=120$ mm，内径 $d_2=80$ mm，板厚

$t=16$ mm。$F=160$ kN，螺栓材料的容许切应力 $[\tau]=100$ MPa，容许挤压应力 $[\sigma_{bs}]=300$ MPa；凸缘材料的容许拉应力 $[\sigma]=160$ MPa。试校核该接头的强度（图示单位：mm）。

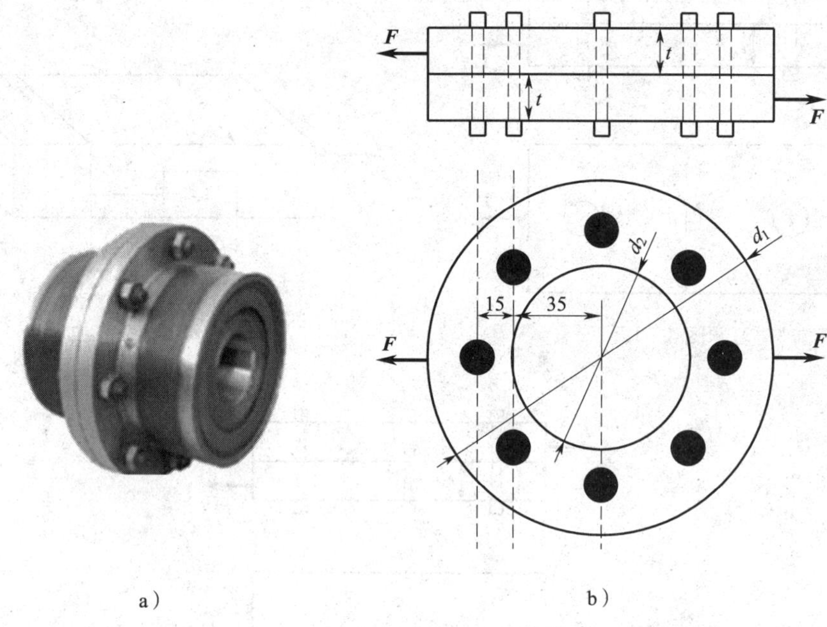

习题图 4—5

模块五

扭转构件承载能力分析

任务一　计算圆轴扭转构件的内力

1. 熟悉扭转变形的受力特点及变形特点。
2. 掌握扭转变形中，外力偶矩的计算方法。
3. 能较熟练地应用截面法计算扭转时横截面上的内力——扭矩 T。
4. 掌握扭矩图的绘制方法。

如图 5—1 所示，桥梁施工时，下部结构钻孔桩的施工常使用旋挖钻机，旋挖钻机的钻杆（转轴）工作时是典型的扭转问题，其直径的选择与扭转力的大小直接相关。图 5—2 中，

图 5—1　桥梁基础旋挖钻机的施工

图 5—2　钢桥高强螺栓的施拧

铁路钢桥高强螺栓的施拧也是扭转问题，高强螺栓扭矩的大小决定节点连接质量的好坏。由以上两个实例可以看出，在工程设计和施工工艺的编制过程中，需要考虑扭转问题。

图 5—1 所示旋挖钻机的转轴可以简化为一个直径轴，由电动机带动，如图 5—3 所示。在工作过程中，旋挖钻机的转轴会遇到扭转问题，常常要计算电动机的功率是否满足工程的需要，也需要判断直径轴的直径大小是否满足工程的要求，这些都需要通过计算轴的外力偶矩和内力来解决。

假设图 5—3 所示旋挖钻机的电动机的转速 $n = 1\ 450$ r/min，传递的功率 $P = 10$ kW，试求电动机通过联轴器作用在轴 AB 上的外力偶矩的大小，并求轴 AB 的内力。

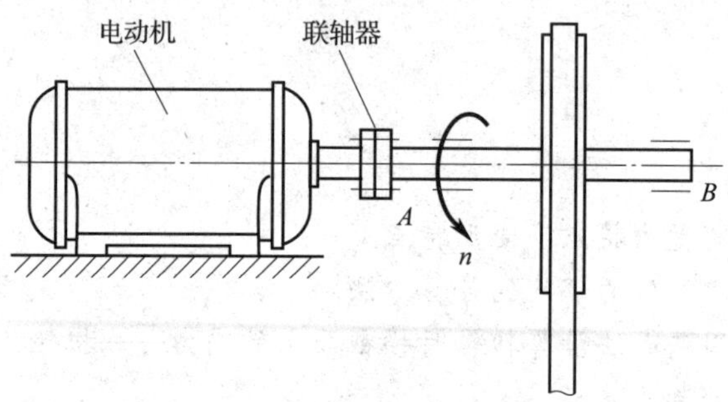

图 5—3　钻机的转轴受力情况

一、扭转变形的受力特点及变形特点

在工程中，经常会遇到一些承受扭转的构件。如图 5—4 所示，汽车转动轴上端受到方向盘传来的力偶作用，下端则受到来自转向器的阻抗力偶作用；再如图 5—5 所示，攻螺纹时铰杠把力偶作用于丝锥的上端，丝锥的下端则受到零件的阻抗力偶作用。这些实例都是在杆件的两端作用两个大小相等、方向相反，且作用平面垂直于杆件轴线的力偶，致使杆件的任意两个横截面都发生绕轴线的相对转动，这样的变形形式称为扭转变形。

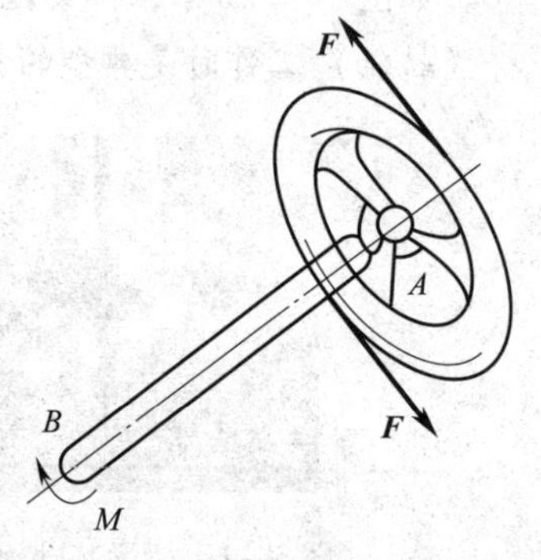

图 5—4　汽车转动轴的受力情况

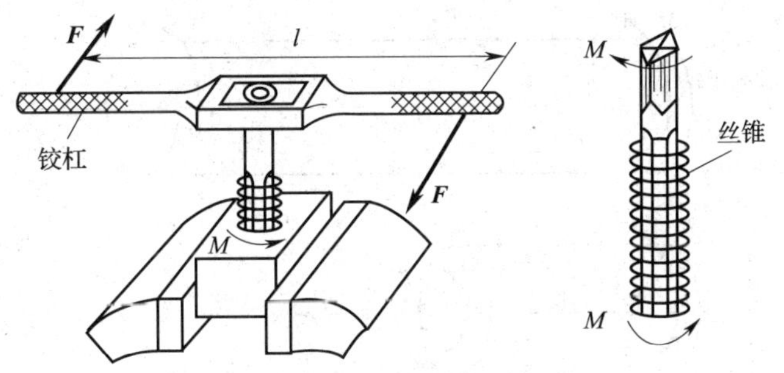

图 5—5 攻螺纹时丝锥的受力情况

因此，扭转变形的受力特点是：作用在杆件两端的一对力偶大小相等、方向相反，力偶的作用面垂直于杆件轴线。其变形特点是：杆件上各截面绕轴线发生相对转动。

工程中把以扭转变形为主要变形的杆件称为轴，其中圆形截面的轴称为圆轴，其受力可简化为图 5—6 所示的情况。本模块主要研究圆轴扭转变形。

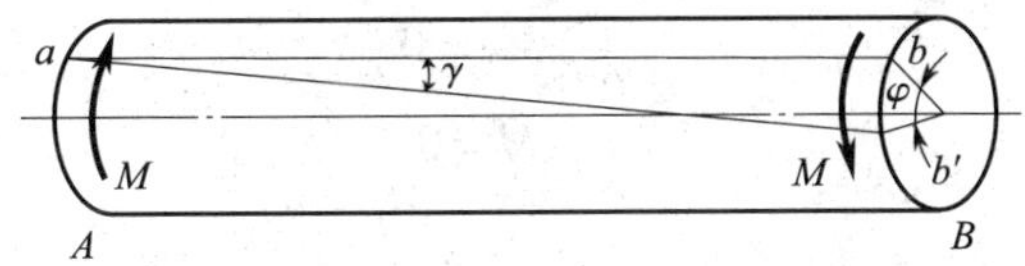

图 5—6 圆轴扭转变形的受力情况

二、扭转时的外力偶矩及内力——扭矩 *T*

1. 外力偶矩的计算

外力偶矩（转矩）是度量物体产生转动效果强弱的物理量，如电动机带动从动部分转动以及动力的传递等，都会有转矩的概念。在工程实际中，对于电动机带动的传动轴等转动构件，通常只知道它们的转速与所传递的功率。因此，在分析传动轴内力之前，首先需要根据转速与功率计算传动轴所承受的外力偶矩。

传递功率 P 的常用单位为 kW（千瓦），转速 n 的常用单位为 r/min（转/分），由理论力学可知，外力偶矩 M 为：

$$M = 9\,550\frac{P}{n}(\mathrm{N \cdot m}) \tag{5—1}$$

2. 扭矩与扭矩图

如图 5—7a 所示的轴 AB，在其两端作用一对方向相反、大小均为 M 的外力偶矩。为了分析轴的内力，利用截面法，在轴的任意一横截面 m—m 处将其切开，并任选一段，例如左段（见图 5—7b），作为研究对象。可以看出，为了保持该轴的平衡，横截面 m—m 上的分布内力必构成一力偶，且其矩的矢量方向垂直于截面 m—m。矢量方向垂直于所切横截面的内力偶矩，称为扭矩，用 T 表示，所以，轴受扭时横截面上的内力为扭矩。

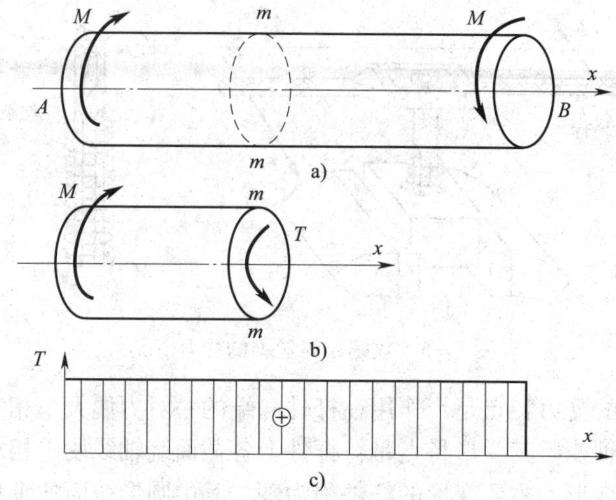

图 5—7　截面法求圆轴横截面上的内力

根据左段轴的平衡，由：

$$\sum M_T = 0$$

$$T - M = 0$$

得：

$$T = M$$

关于扭矩的正负符号，通常规定如下：按右手螺旋法则，四指顺着扭矩的转向握住轴线，拇指的指向离开截面时（与横截面的外法线方向一致），扭矩为正；反之，拇指的方向指向截面时（与横截面的外法线方向相反），扭矩为负，如图 5—8 所示。按此规定，图 5—7b 所示扭矩 T 为正。

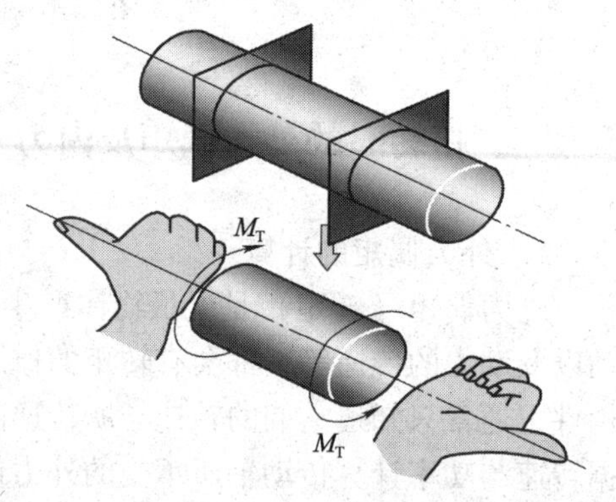

图 5—8　右手螺旋法则

在一般情况下，轴内各截面的扭矩不尽相同。为了形象地表示扭矩沿轴线的变化情况，亦可采用图线来表示。表示扭矩沿轴线变化情况的图线，称为扭矩图。作图时，以平行于轴线的坐标表示横截面的位置，垂直于轴线的另一坐标表示扭矩的大小，扭矩为正的画在正坐标区，标上⊕；反之画在负坐标区，标上⊖。上述图 5—7a 所示轴 AB 的扭矩图如图 5—7c 所示。

任务实施

根据任务中的已知条件，按照相应的方法计算外力偶矩和内力——扭矩。

1．传动轴所受外力偶矩计算

传动轴所受外力偶矩 M 可以用公式（5—1）计算出来。

电动机通过联轴器作用在轴 AB 上的外力偶矩为：

$$M = 9\ 550 \times \frac{10}{1\ 450} = 65.9\ \text{N} \cdot \text{m}$$

2．传动轴扭转时的内力计算——用截面法求扭矩

旋挖钻机的钻杆一端连着电动机，一端连着钻头，钻头在地下土层钻进时受到土层的阻力作用，为了克服土层的阻力，即施加外力偶矩抵抗地质土层的阻抗力偶作用。在圆轴上任取一截面，根据平衡条件可知，轴 AB 的内力和外力偶矩相等，即：

$$T = M = 65.9\ \text{N} \cdot \text{m}$$

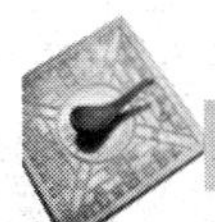

应用案例

案例 1 如图 5—9a 所示的传动轴，其中 A、B、C 三处作用的外力偶矩为 $M_A = 75\ \text{N} \cdot \text{m}$，$M_B = 125\ \text{N} \cdot \text{m}$，$M_C = 50\ \text{N} \cdot \text{m}$，方向如图所示。试计算轴横截面 1—1、2—2 的扭矩，并画出扭矩图。

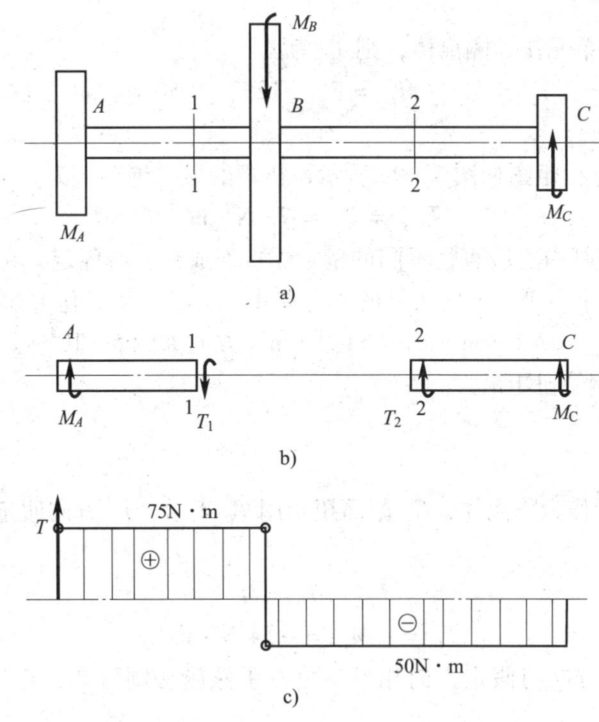

图 5—9 扭转内力计算图示

解：

1．外力偶矩计算

外力偶矩为外力，由已知条件可知，三个传动轮上的外力偶矩分别为：$M_A = 75\ \text{N} \cdot \text{m}$，$M_B = 125\ \text{N} \cdot \text{m}$，$M_C = 50\ \text{N} \cdot \text{m}$。

2．扭矩计算

取左段 $A-1$ 单元作为隔离体，1—1 截面扭矩用 T_1 表示，假设 T_1 方向为正，如图 5—9b 所示，由平衡条件可知：

$$T_1 + M_A = 0$$
$$T_1 - 75 = 0$$
$$T_1 = 75\ \text{N} \cdot \text{m}$$

T_1 结果为正值，说明与假定方向相同。由右手螺旋法则可知，T_1 矢量方向指向截面外侧，故为"+"。

同理，取右端 $C-2$ 单元作为隔离体，2—2 截面扭矩用 T_2 表示，假设 T_2 方向为正，如图 5—9b 所示，由平衡条件可知：

$$T_2 + M_C = 0$$
$$T_2 + 50 = 0$$
$$T_2 = -50\ \text{N} \cdot \text{m}$$

T_2 结果为负值，说明与假定方向相反。由右手螺旋法则可知，T_2 矢量方向指向截面内侧，故为"-"。

也可取左段 $A-2$ 单元作为隔离体，则 T_2 为：

$$T_2 = M_A - M_B = 75 - 125 = -50\ \text{N} \cdot \text{m}$$

3. 作扭矩图

根据上述分析，作扭矩图如图 5—9c 所示，扭矩的最大绝对值为

$$T_{\max} = T_1 = 75\ \text{N} \cdot \text{m}$$

案例 2　一根圆直杆由三段直径不同的钢管焊接而成，一端固定，在外载荷作用下，B、C、D 三处分别作用大小不等、方向各异的外力偶矩，力学模型简化为如图 5—10a 所示，其中 $M_B = 138\ \text{N} \cdot \text{m}$，$M_C = 92\ \text{N} \cdot \text{m}$，$M_D = 54\ \text{N} \cdot \text{m}$，方向如图 5—10 所示。试画出该直杆的扭矩图，并指出哪段钢管扭矩最大。

解：

1. 扭矩计算

取右段 $D-C$ 单元作为隔离体，$C_{右}$ 截面扭矩用 T_C 表示，T_C 方向假定如图 5—10b 所示。由图 5—10b 可知：

$$T_C + M_D = 0$$
$$T_C = -M_D = -54\ \text{N} \cdot \text{m}$$

负值说明 T_C 矢量方向与假定方向相反。由右手螺旋法则可知，T_C 矢量方向指向截面，故为"-"。

取右段 $D-B$ 单元作为隔离体，$B_{右}$ 截面扭矩用 T_B 表示，由图 5—10b 可知：

$$T_B = M_C - M_D = 92 - 54 = 38\ \text{N} \cdot \text{m}$$

由右手螺旋法则可知，T_B 矢量方向指向截面外侧，故为"+"。

同理：

$$T_A = M_C - M_B - M_D = 92 - 138 - 54 = -100\ \text{N} \cdot \text{m}$$

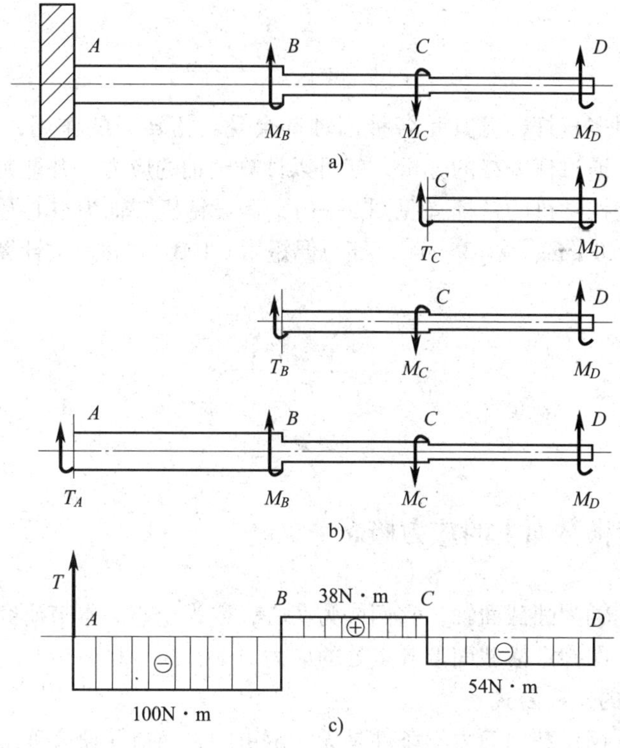

图 5—10　不等截面圆直杆扭矩计算图示

2. 作扭矩图

根据上述分析，作扭矩图如图 5—10c 所示，扭矩的最大绝对值为

$$T_{\max}=|T_A|=100\ \mathrm{N\cdot m}$$

即 AB 段直杆扭矩最大。

任务二　计算圆轴扭转构件的应力

1. 能描述应力的分布状况。
2. 能计算应力，并判断危险截面。

工作任务

工程实践中，很多直杆，尤其是各种圆轴都会受到扭转力的作用，圆轴的应力水平如何，大小如何计算？通过任务二的分析，就可以计算圆轴的应力，并能判断危险截面。

任务一提到的旋挖钻机的钻杆（见图5—1），假设钻机圆轴为空心圆截面轴。已知轴的内、外径分别为$d=20$ mm、$D=36$ mm，外力偶矩$M=100$ N·m，试计算钻杆圆轴横截面上最大与最小扭转切应力。

相关理论

一、圆轴扭转横截面上的应力概念

工程中最常见的轴为圆截面轴，它们或为实心，或为空心。本节研究圆轴扭转时横截面上的应力分布规律，即确定横截面上各点处的应力。

1．扭转切应力的一般公式

显然，此种问题仅仅利用静力学条件是无法解决的，而应从研究变形入手，利用应力—应变关系以及静力学条件，即从几何、物理与静力学三方面进行综合分析。本文不详细给出扭转切应力公式的推导，只简要介绍几个假定，详细分析可以参考有关教材。

（1）几何方面

试验指出，圆轴扭转时的表面变形与薄壁圆管的情况相似（见图5—11），即各圆周线的形状不变，仅绕轴线相对转动，而当变形很小时，各圆周线的大小与间距均不改变。

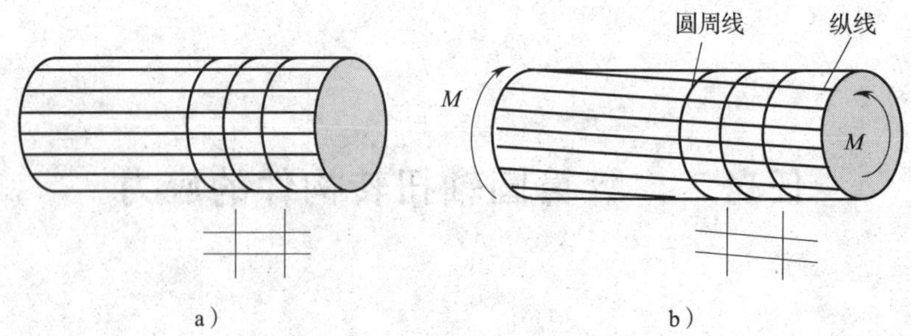

图5—11　薄壁圆管受扭变形试验

a）受扭前　b）受扭后

1）根据上述现象，对轴内变形作如下假设：

①变形后，横截面仍保持平面，其形状与大小均不改变，半径仍为直线。此假设称为圆轴扭转的平面假设。

②变形后，横截面间的距离保持不变。

2）通过试验现象和平面假设，可以得出如下结论：

①横截面上无正应力。由于扭转变形相邻两横截面间的距离不变，即线应变 $\varepsilon=0$，所以横截面上无正应力。

②横截面上有切应力，且其方向与半径垂直。由于扭转变形时，相邻两横截面相对地转过一个角度，即发生了旋转式的相对滑动，由此产生了剪切变形，横截面上各点有切应变，相应地有切应力存在。又因半径长度不变，说明切应变沿垂直于半径的方向发生，故切应力方向与半径垂直。

（2）物理方面

由剪切虎克定律可知，在弹性范围内，切应力与切应变成正比，即圆轴的横截面某一点的切应力的大小与该处半径的大小 ρ 成正比，且呈线性变化，切应力的方向与该处的半径垂直。

（3）静力学方面

1）一般公式

根据静力学平衡条件，圆轴扭转切应力的一般公式为：

$$\tau_{\rho}=\frac{T\rho}{I_{p}} \tag{5—2}$$

上式中，T 为横截面上的扭矩，I_p 为截面的极惯性矩。

2）最大扭转切应力

由式（5—2）可知，在 $\rho=R$ 即圆截面边缘各点处，切应力最大（见图 5—12），其值为

$$\tau_{max}=\frac{TR}{I_{p}}=\frac{T}{\frac{I_{p}}{R}}$$

式中，$W_p=\frac{I_p}{R}$称为抗扭截面模量，R 为圆截面半径。

$$\tau_{max}=\frac{T}{W_{p}} \tag{5—3}$$

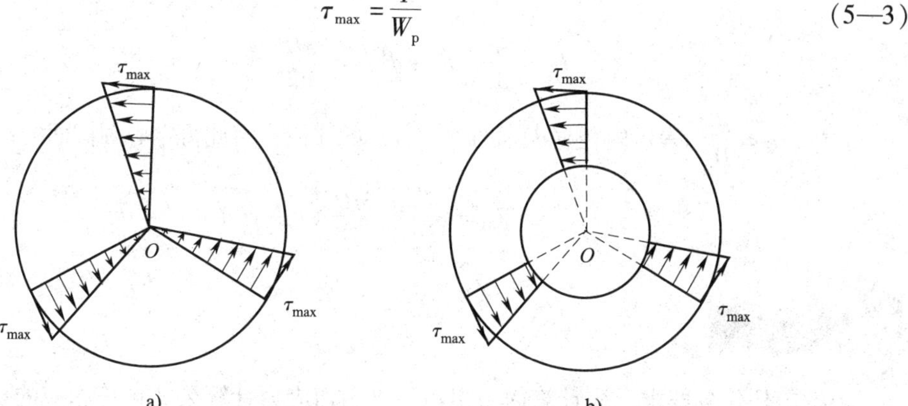

图 5—12　切应力分布图

a）实心圆截面　b）空心圆截面

二、极惯性矩与抗扭截面模量

现在研究极惯性矩与抗扭截面模量的计算公式。

1. 实心圆截面

如图 5—13 所示，对于直径为 D 的圆截面，若以厚度为 $\mathrm{d}\rho$ 的环形面积为微面积，即取

$$\mathrm{d}A = 2\pi\rho\mathrm{d}\rho$$

则实心圆截面的极惯性矩为

$$I_{\mathrm{p}} = \int_A \rho \mathrm{d}A = \frac{\pi D^4}{32} \approx 0.1D^4$$

而其抗扭截面模量则为

$$W_{\mathrm{p}} = \frac{2I_{\mathrm{p}}}{d} = \frac{\pi D^3}{16} \qquad (5\text{—}4)$$

2. 空心圆截面

对于内径为 d、外径为 D 的空心圆截面（见图 5—14），按上述计算方法，其极惯性矩为

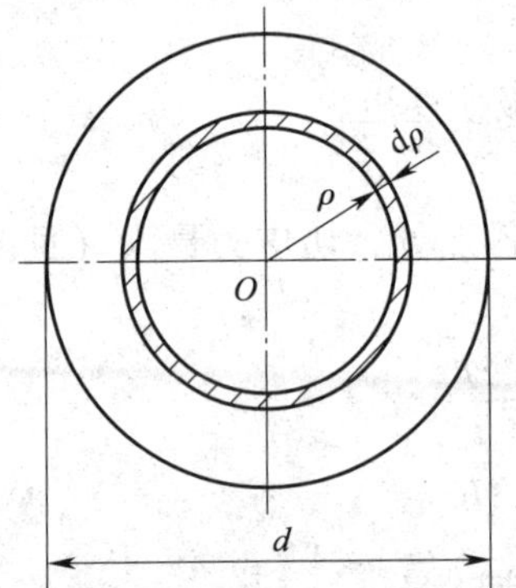

图 5—13　实心圆截面厚度为 dρ 的环形微面积

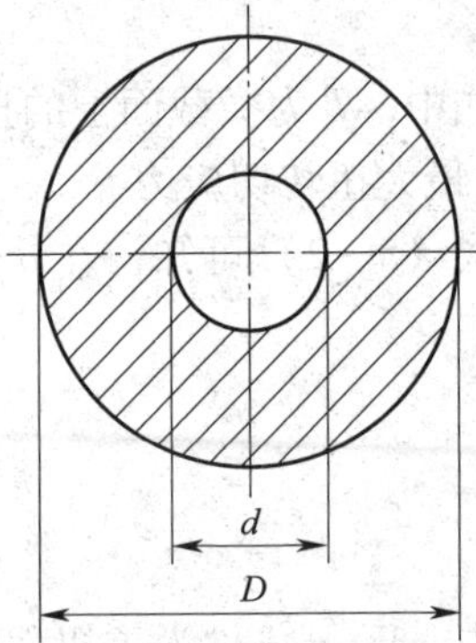

图 5—14　空心圆截面

$$I_{\mathrm{p}} = \frac{\pi}{32}(D^4 - d^4) = \frac{\pi D^4}{32}(1 - \alpha^4) \qquad (5\text{—}5)$$

式中，$\alpha = \dfrac{d}{D}$，表示内径（d）、外径（D）的比值。由此得空心圆截面的抗扭截面模量为

$$W_{\mathrm{p}} = \frac{2I_{\mathrm{p}}}{D} = \frac{\pi D^3}{16}(1 - \alpha^4) \qquad (5\text{—}6)$$

根据工作任务要求，先计算内力扭矩，再用切应力计算公式计算相应的切应力。

解：轴的扭矩为

$$T = M = 1.0 \times 10^5\ \mathrm{N \cdot mm}$$

由前述分析可知，空心圆轴的扭转切应力分布如图 5—15b 所示，最大与最小扭转切应力分布为

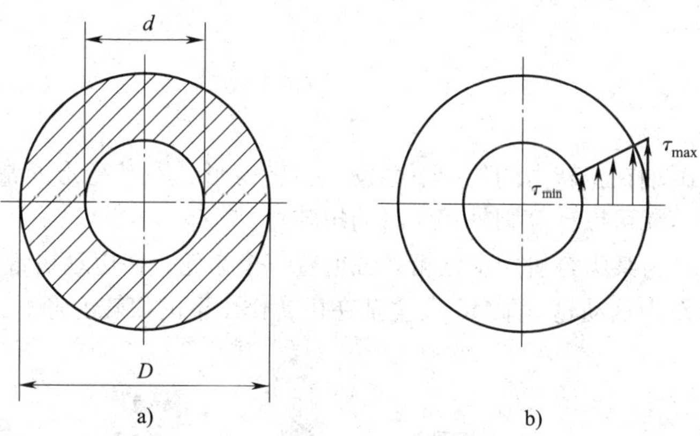

图 5—15　旋挖钻机空心圆轴截面切应力分布图

$$\tau_{max}=\frac{T}{W_p} \qquad a)$$

$$\tau_{min}=\frac{T}{I_p}\cdot\frac{d}{2} \qquad b)$$

由式（5—5）和式（5—6）可知，空心圆截面的极惯性矩与抗扭截面模量分别为

$$I_p=\frac{\pi D^4}{32}(1-\alpha^4)=\frac{\pi\times36^4}{32}\left[1-\left(\frac{20}{36}\right)^4\right]=1.492\times10^5\ \text{mm}^4$$

$$W_p=\frac{\pi D^3}{16}(1-\alpha^4)=\frac{\pi\times36^3}{16}\left[1-\left(\frac{20}{36}\right)^4\right]=8.29\times10^3\ \text{mm}^3$$

将有关数据代入式 a）、b），可得到

$$\tau_{max}=\frac{T}{W_p}=\frac{1.0\times10^5}{8.29\times10^3}=12.06\ \text{MPa}$$

$$\tau_{min}=\frac{T}{I_p}\times\frac{d}{2}=\frac{1.0\times10^5\times20}{1.492\times10^5\times2}=6.70\ \text{MPa}$$

任务三　计算圆轴扭转构件的变形

1. 能阐述扭转变形时的位移类型。

2. 能计算圆轴扭转变形时的相对扭转角和单位扭转角。

工程实践中，圆轴在扭转力的作用下会发生扭转变形，扭转变形通常用扭转角来表示。通过本任务的学习，就可以计算圆轴扭转时的扭转角。

如图 5—16 所示为某组合机床主轴箱，轴上有三个齿轮，由电动机带动，一个齿轮为主动轮，另两个齿轮作为从动轮，求 AC 段主轴在扭转作用下的扭转变形。

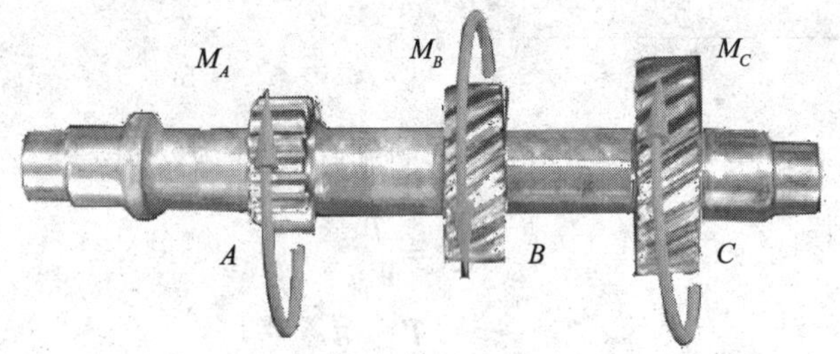

图 5—16　主轴箱圆轴齿轮组合图

一、圆轴的扭转变形

如前所述，圆轴的扭转变形，用横截面间绕轴线的相对角位移即扭转角 φ 表示。扭转角即为两个横截面间绕轴线的相对转角。

相距 $\mathrm{d}x$ 微段的两横截面间的扭转角为

$$\mathrm{d}\varphi = \frac{T}{GI_{\mathrm{p}}}\mathrm{d}x$$

式中，T 为扭矩，G 为剪切弹性模量，I_{p} 为截面的极惯性矩。

由此可知，对于长为 l、扭矩 T 为常数的等截面直圆轴（见图 5—17），由于 T、G 和 I_{p}

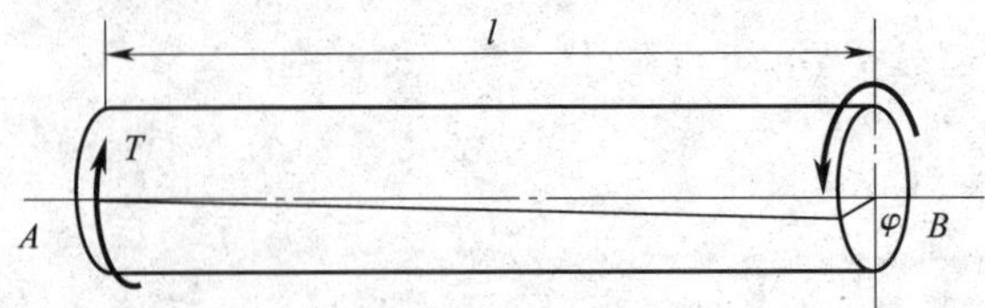

图 5—17　等截面直圆轴受扭后表面纵向线变化情况

均为常数，则由上式可得两端横截面间的扭转角为

$$\varphi = \frac{Tl}{GI_p} \tag{5—7}$$

上式表明，扭转角 φ 与扭矩 T、轴长 l 成正比，与 GI_p 成反比。乘积 GI_p 称为圆截面轴的截面抗扭刚度，或简称为抗扭刚度。

二、圆轴的扭转刚度条件

在设计圆轴时，除了考虑强度外，对于许多轴，还常常对其扭转变形有一定的限制，这就是工程上常说的满足刚度要求。

由公式（5—7）表示的扭转角与轴的长度 l 有关，为消除长度的影响，用 φ 对 x 的变化率$\frac{d\varphi}{dx}$来表示扭转变形的程度。

$$\theta = \frac{d\varphi}{dx} = \frac{T}{GI_p} = \frac{\varphi}{l}$$

θ 称为单位长度扭转角，单位为 rad/m。

扭转的刚度条件就是限定 θ 的最大值不得超过规定的容许值 $[\theta]$，即

$$\frac{T}{GI_p} \leqslant [\theta] \tag{5—8}$$

工程中，对于一般传动轴来说，$[\theta]$ 设计标准为0.5°/m～1°/m。$[\theta]$ 可根据有关规范或者设计标准来确定。考虑到容许扭转角 $[\theta]$ 是以每米若干度来表示（°/m），所以圆轴的刚度条件又可写为：

$$\theta_{max} = \frac{T_{max}}{GI_p} \times \frac{180}{\pi} \leqslant [\theta]$$

式中，T_{max}、G、I_p 的单位分别为 N·mm、GPa、mm^4。

试计算如图 5—16 所示主轴箱圆轴 AC 段的扭转角。

将图 5—16 简化为图 5—18。图 5—18 所示圆截面轴 AC，承受外力偶矩 M_A、M_B 与 M_C 作用，试计算轴的总扭转角。已知 $M_A = 200$ N·m，$M_B = 500$ N·m，$M_C = 300$ N·m，$l_1 = l_2 = 2$ m，$d = 40$ mm，$G = 80$ GPa。

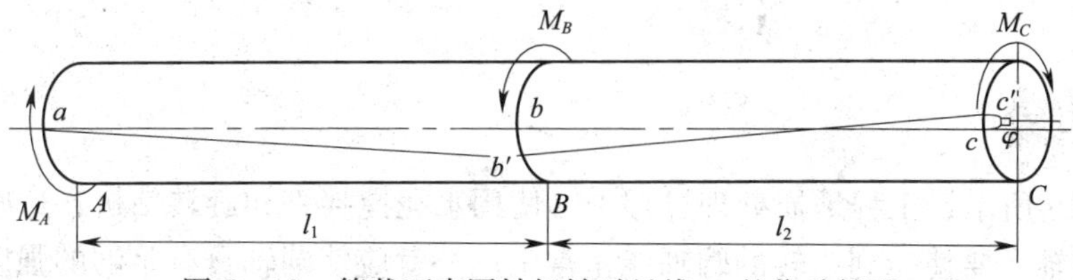

图 5—18　等截面直圆轴扭转时母线 ac 的位移情况

解：利用截面法，得 AB 与 BC 段的扭矩分别为

$$T_1 = M_A = 200\ \text{N}\cdot\text{m}$$
$$T_2 = -M_C = -300\ \text{N}\cdot\text{m}$$

由于各段轴的扭矩不同，为了计算轴的总扭转角，首先需要求出每一段轴的扭转角。

设 AB 与 BC 段相对应轴的扭转角分别为 φ_{AB} 和 φ_{BC}，则由式（5—7）可知：

$$\varphi_{AB} = \frac{T_1 l_1}{GI_p} = \frac{32T_1 l_1}{G\pi d^4} = \frac{32\times200\times10^3\times2\times10^3}{80\times10^3\times\pi\times40^4} = 1.99\times10^{-2}\ \text{rad}$$

$$\varphi_{BC} = \frac{T_2 l_2}{GI_p} = \frac{32T_2 l_2}{G\pi d^4} = \frac{32\times(-300\times10^3)\times2\times10^3}{80\times10^3\times\pi\times40^4} = -2.98\times10^{-2}\ \text{rad}$$

由此得轴 AC 的总扭转角为

$$\begin{aligned}\varphi &= \varphi_{AB}+\varphi_{BC}\\ &= 1.99\times10^{-2}-2.98\times10^{-2}\\ &= -0.99\times10^{-2}\ \text{rad}\end{aligned}$$

各段轴的扭转角的转向由相应扭矩的转向而定，所以，扭转角的正负亦随扭矩的正负而定。在本例中，T_1 为正，φ_{AB}亦为正；T_2 为负，φ_{BC}亦为负。

在图 5—18 中，同时画出了扭转时母线 ac 的位移情况，它由直线 abc 变为折线 $ab'c'$，由此可更清晰地显示扭转变形的情况。

任务四　分析圆轴扭转构件的承载力

1. 能用强度条件判断圆轴的安全性。
2. 能用强度条件选择圆轴的截面。
3. 能用强度条件判断圆轴的承载力。

如图 5—19 所示，工程地质处理过程中常使用水泥搅拌桩和旋转钻机，这些机械的钻杆一般都采用圆轴。要使受到扭转的圆轴能正常工作，就应使圆轴具有足够的强度。工程实践中，圆轴在扭转力的作用下可能会发生破坏，或者发生严重的扭转变形。通过本任务的学习，

能判断圆轴的安全性，或者能选择合理的圆轴尺寸和材料以符合设计要求，满足工程需要。

如图 5—20 所示为直径不等的一传动轴，主动轮 B 由电动机带动，A、C 为从动轮，试判断该轴的安全性是否满足要求。

图 5—19　旋转钻机传动轴

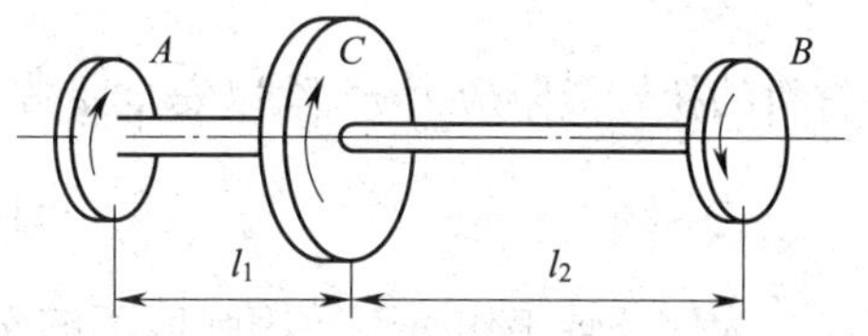

图 5—20　不等截面传动轴

轴的扭转应力确定后，现在研究轴的破坏形式与极限应力，以建立轴的强度条件。

一、圆轴扭转破坏试验

扭转试验都是用圆截面试件在扭转试验机上进行的。试验表明：塑性材料（如 Q345 钢）试件在受扭的过程中先发生屈服，这时，在试件表面的横向与纵向出现滑移线（见图 5—21a），如果继续增大载荷，试件最后沿横截面被剪断（见图 5—21b），即滑移与剪断均

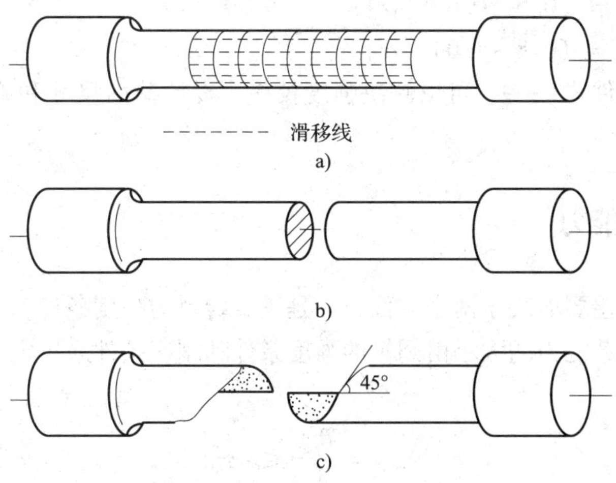

图 5—21　圆轴试件受扭变形情况

发生在最大剪应力的作用面上；脆性材料试件（如石膏粉笔、铸铁圆轴）受扭时，变形则始终很小，最后在与轴线成45°角的螺旋面发生断裂（见图5—21c），即断裂发生在最大拉应力作用面上。

上述情况表明，对于受扭轴，破坏的标志仍是屈服或断裂。试件扭转屈服时横截面上的最大切应力称为扭转屈服极限，用 τ_β 表示；试件扭转断裂时横截面上的最大切应力称为扭转强度极限，用 τ_b 表示。τ_β、τ_b 统称为扭转极限应力，并用 τ^0 表示。

二、圆轴扭转的强度条件

将材料的扭转极限应力 τ^0 除以安全系数 n，得材料的容许切应力为

$$[\tau] = \frac{\tau^0}{n}$$

因此，为保证轴工作时不致因强度不够而破坏，最大扭转切应力 τ_{max} 不得超过材料的容许切应力 $[\tau]$，即要求

$$\tau_{max} = \left(\frac{T}{W_p}\right)_{max} \leqslant [\tau]$$

此即圆轴扭转强度条件。对于等截面圆轴，其最大扭转切应力为

$$\tau_{max} = \frac{T_{max}}{W_p}$$

因此，等截面圆轴的扭转强度条件为

$$\tau_{max} = \frac{T_{max}}{W_p} \leqslant [\tau] \tag{5—9}$$

容许切应力 $[\tau]$ 由扭转试验测定，设计时可以根据规范进行查找。在静载荷条件下，它与容许拉应力有如下关系：

塑性材料：$[\tau] = (0.5 \sim 0.6)[\sigma]$；

脆性材料：$[\tau] = (0.8 \sim 1.0)[\sigma]$。

利用圆轴强度条件式5—9，可以解决强度校核、设计截面尺寸和确定容许载荷三个方面的问题。

三、轴的承载能力

圆轴的承载能力主要取决于两个方面，一是满足材料的强度条件，一是满足设计要求的刚度条件，因此，承载能力的大小由圆轴的强度条件和刚度条件来决定。

强度条件：

$$\tau_{max} = \frac{T_{max}}{W_p} \leqslant [\tau]$$

刚度条件：

$$\frac{T_{max}}{GI_p} \leqslant [\theta]$$

承载能力 T 即为分别满足上述两式 T_{max} 的最小值。

任务实施

本任务为判断图 5—20 中主轴在受扭条件下是否满足材料的强度要求。

将图 5—20 简化为图 5—22a，轴在横截面 A、B、C 三处承受外力偶矩作用。已知 M_A = 600 N · m，M_B = 1 500 N · m，M_C = 900 N · m，l_1 = 60 cm，l_2 = 80 cm，容许切应力 $[\tau]$ = 60 MPa，G = 80 GPa，试校核该轴的强度（截面直径尺寸如图所示，单位为 mm）。

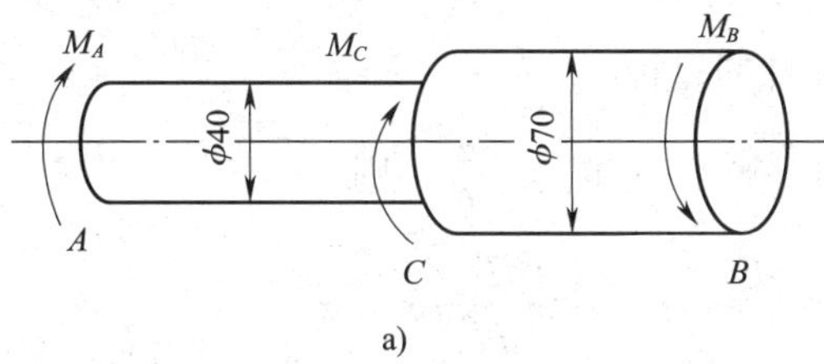

a)

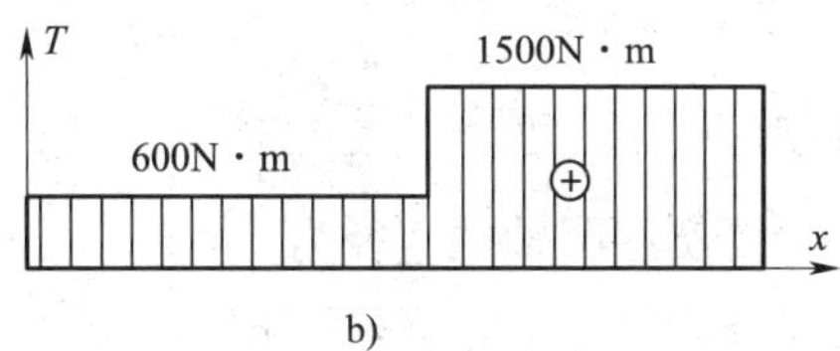

b)

图 5—22　不等截面圆轴扭矩图

解： 将轴分成两段，分别计算扭矩，轴的扭矩图如图 5—22b 所示。CB 段的扭矩最大，显然应该校核；AC 段的扭矩虽然较小，但由于该段的横截面尺寸也较小，所以也应该校核。

根据公式（5—4），分别求出 AB 和 BC 段横截面抗扭截面模量 W_p。

AC 段横截面抗扭截面模量为

$$W_{pAC} = \frac{\pi D^3}{16} = \frac{\pi \times 40^3}{16} = 12\ 566.37\ \text{mm}^3$$

BC 段横截面抗扭截面模量为

$$W_{pBC} = \frac{\pi D^3}{16} = \frac{\pi \times 70^3}{16} = 67\ 347.89\ \text{mm}^3$$

根据公式 $\tau_{max} = \frac{T_{max}}{W_p}$，得 AC 和 BC 段的最大扭转切应力分别为

$$\tau_{maxAB} = \frac{T_1}{W_{pAC}} = \frac{600 \times 10^3}{12\ 566.37} = 47.75\ \text{MPa}$$

$$\tau_{maxBC} = \frac{T_2}{W_{pBC}} = \frac{1\ 500 \times 10^3}{67\ 347.89} = 22.27\ \text{MPa}$$

可见，τ_{maxAC}、τ_{maxBC}均小于容许切应力［τ］=60 MPa，说明该轴的扭转强度满足要求。

应用案例

案例 某一工程需要为一台卷扬机设计等截面传动轴，该轴横截面上的最大扭矩 T = 1.5 kN·m，若该轴材料容许切应力［τ］=50 MPa，试按下列两种方案设计该轴的横截面尺寸，并比较其质量。

（1）实心圆横截面轴。

（2）空心圆截面轴，其轴的内、外径比值$\frac{d}{D}=0.9$。

解：

1. 按实心圆轴设计圆轴的直径

根据公式 $\tau_{max}=\frac{T_{max}}{W_p}\leqslant[\tau]$，而 $W_p=\frac{\pi d^3}{16}$，则

$$\frac{16T_{max}}{\pi d^3}\leqslant[\tau]$$

由此得：

$$d\geqslant\sqrt[3]{\frac{16T}{\pi[\tau]}}$$

将有关数据代入上式中，得实心圆轴的直径为

$$d\geqslant\sqrt[3]{\frac{16T}{\pi[\tau]}}=\sqrt[3]{\frac{16\times1.5\times10^3\times10^3}{\pi\times50}}=53.5\ \text{mm}$$

取 $d=54$ mm。

2. 确定空心圆轴的内、外径

根据式（5—6）可知，空心圆轴的抗扭截面模量为 $W_p=\frac{\pi D^3}{16}(1-\alpha^4)$，则

$$\frac{16T_{max}}{\pi D^3(1-\alpha^4)}\leqslant[\tau]$$

由此得：

$$D\geqslant\sqrt[3]{\frac{16T}{\pi(1-\alpha^4)[\tau]}}$$

将有关数据代入上式，得空心轴的外径为

$$D\geqslant\sqrt[3]{\frac{16T}{\pi(1-\alpha^4)[\tau]}}=\sqrt[3]{\frac{16\times1.5\times10^6}{\pi\times(1-0.9^4)\times50}}=76.3\ \text{mm}$$

取 $D=76$ mm，$d=68$ mm。

3. 质量比较与轴横截面的合理设计

两根长度与材料均相同的圆轴，其质量之比等于横截面面积之比，因此，上述空心与实

心圆轴的质量比为

$$\beta = \frac{\frac{\pi(D^2 - d_1{}^2)}{4}}{\frac{\pi d^2}{4}} = \frac{76^2 - 68^2}{54^2} = 0.395$$

上述数据说明，空心轴远比实心轴轻，因此，一些大型轴或者要求减轻质量的轴，通常均制作成空心的。

1. 试绘制习题图 5—1 中各轴的扭矩图。

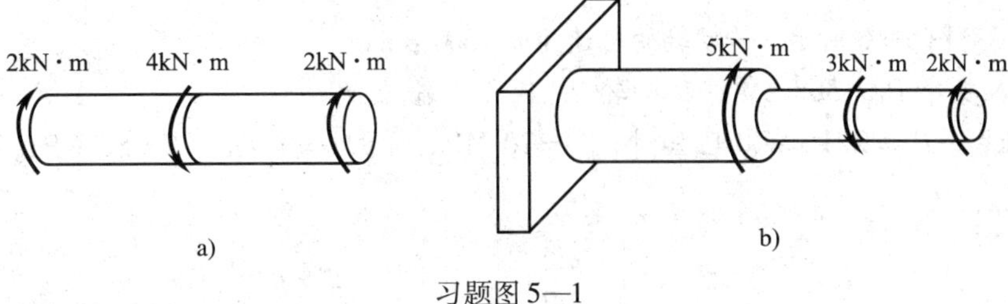

习题图 5—1

2. 某传动轴为实心圆轴，轴内的最大扭矩 $T = 1.5$ kN · m，容许切应力 $[\tau] = 50$ MPa，试确定该轴的直径。

3. 两根长度及质量都相同且由同一种材料制成的轴，其中一根是空心轴，内、外径之比为 $\alpha = \frac{d_1}{D_1} = 0.8$；另一根是实心轴，直径为 D_2。试问：在相同的容许应力情况下，空心轴与实心轴所能承受的扭矩哪个大？说明理由。

4. 某实心轴，直径 $d = 20$ mm，受到 $T = 100$ N · m 的扭矩作用，求其横截面上最大和最小的切应力。

5. 如习题图 5—2 所示，截面积相等、材料相同的两轴，用牙嵌式离合器连接。左端为空心轴，外径 $d_1 = 50$ mm，内径 $d_2 = 30$ mm；右端为实心轴，直径 $d = 35$ mm。轴材料的容许切应力 $[\tau] = 65$ MPa，工作时所受力偶矩 $M = 1\ 000$ N · m，试校核左、右两端轴的强度。如果强度不够，轴径应增加到多少？

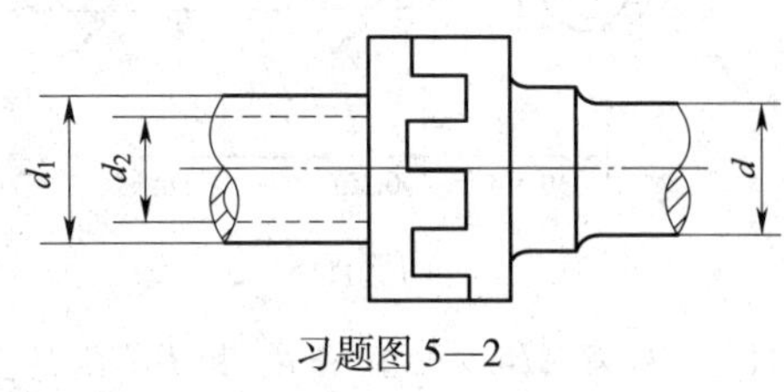

习题图 5—2

6. 直径 $D = 50$ mm 的圆轴受扭矩 $T = 2.15$ kN · m 的作用，试求距轴心 10 mm 处的切应力，并求横截面上的最大切应力。

7. 电动机功率为 1 500 kW 的旋挖钻机主轴如习题图 5—3 所示，$D = 550$ mm，$d = 300$ mm，在某工况下，正常转速 $n = 250$ r/min。材料的容许切应力 $[\tau] = 500$ MPa。试校核该钻机主轴的强度。

8．如习题图 5—4 所示，轴 AB 的转速 $n=120\ \text{r/min}$，输入功率 $P=44.1\ \text{kW}$，功率的一半通过锥形齿轮传送给轴 C，另一半由轴 H 输出。已知 $D_1=60\ \text{cm}$，$D_2=24\ \text{cm}$，$d_1=10\ \text{cm}$，$d_2=8\ \text{cm}$，$d_3=6\ \text{cm}$，$[\tau]=20\ \text{MPa}$。试对各轴进行强度校核。

9．如习题图 5—5 所示，阶梯形圆轴直径分别为 $d_1=40\ \text{mm}$，$d_2=70\ \text{mm}$，轴上装有三个带轮。已知由轮 3 输入的功率为 $P_3=30\ \text{kW}$，轮 1 输出的功率为 $P_1=13\ \text{kW}$；轴做匀速转动，转速 $n=200\ \text{r/min}$；材料的容许切应力 $[\tau]=60\ \text{MPa}$，$G=80\ \text{GPa}$，容许扭转角 $[\theta]=2°/\text{m}$。试校核轴的强度和刚度。

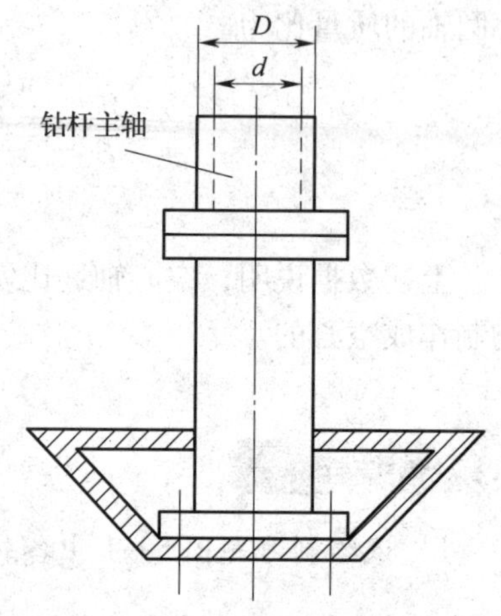

习题图 5—3

10．如习题图 5—6 所示，传动轴的转速为 $n=500\ \text{r/min}$，主动轮 1 输入功率 $P_1=368\ \text{kW}$，从动轮 2、3 分别输出功率 $P_2=147\ \text{kW}$、$P_3=221\ \text{kW}$。已知 $[\tau]=70\ \text{MPa}$，$[\theta]=1°/\text{m}$，$G=80\ \text{GPa}$。

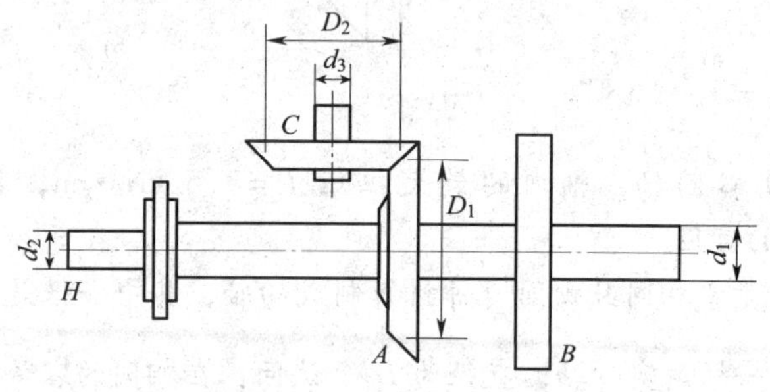

习题图 5—4

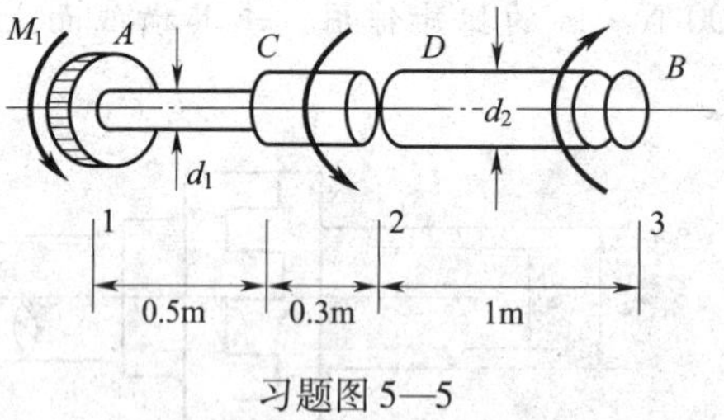

习题图 5—5

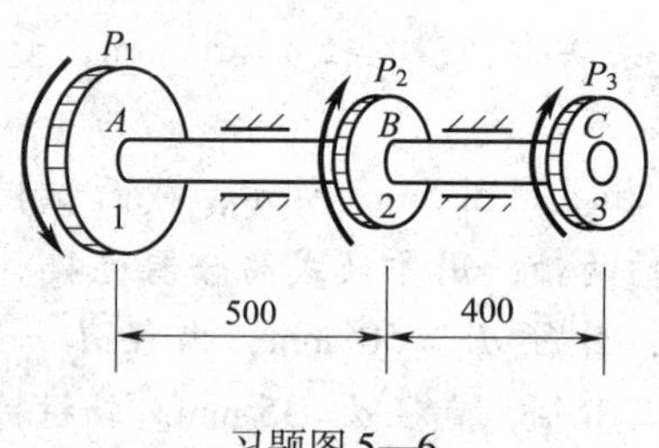

习题图 5—6

(1) 确定 AB 段的直径 d_1 和 BC 段的直径 d_2。

(2) 若 AB 和 BC 两段选用同一直径，试确定其数值。

(3) 主动轮和从动轮的位置如可以重新安排，试问怎样安置才比较合理？

模块六

受弯构件承载能力分析

任务一　计算平面弯曲构件的内力

1. 能判断弯曲变形。
2. 能计算静定梁平面弯曲变形时的内力。

图 6—1 所示是桥梁的悬臂施工图，由于重力的作用，在梁内会产生弯曲内力，若弯

图 6—1　桥梁的悬臂施工图

曲内力过大，会使梁产生破坏甚至断裂，从而造成严重的人身伤亡事故和巨大的经济损失。因此，在工程设计中，弯曲内力是必须考虑的因素。

图6—2所示为工程中常见的桥式吊梁，在自重及载荷作用下发生弯曲变形，其力学模型通常可以简化为承受集中力或者均布载荷的简支梁。任务：长 $L=6.24$ m的简支梁，受到 $q=56.9$ kN/m的均布载荷作用，试求其内力并画出内力图。

图6—2　桥式吊梁

一、平面弯曲与梁的形式

1. 弯曲的概念

当杆件受到垂直于杆轴方向的外力或杆轴所在平面内作用的外力偶时，杆件的轴线将由直线变为曲线，这种变形称为弯曲变形。特别地，如果杆件横截面没有剪力，只有弯矩，这种情况称为纯弯曲。以弯曲变形为主的杆件称为梁。

工程上的梁，有各种截面形状，其横截面大都至少有一个对称轴（见图6—3）。

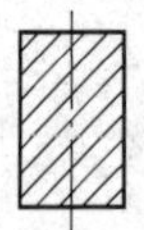 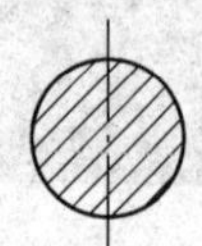  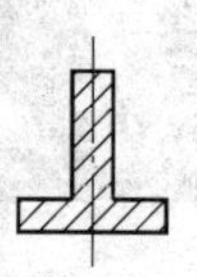 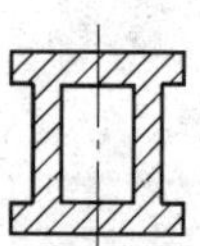

图6—3　工程中常见的梁截面形状

2. 静定梁的基本形式

如果梁的一端为固定端支座，另一端为自由端，则称为悬臂梁（见图 6—4a）。

若梁的一端是固定铰支座，另一端是可动铰支座，则称为简支梁（见图 6—4b）。

若梁受一个固定铰支座与一个可动铰支座支撑，且梁的一端或两端伸出支座以外，则称为外伸梁（见图 6—4c）。

这三种梁，都仅有三个约束力，可由平面任意力系的三个独立的平衡方程求出，因此称这种梁为静定梁。

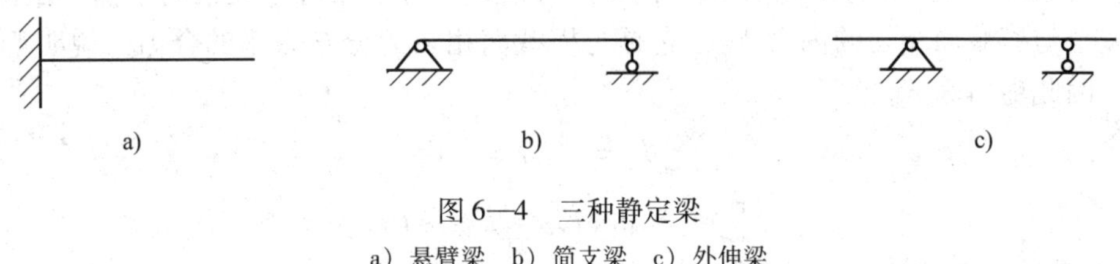

图 6—4　三种静定梁

a）悬臂梁　b）简支梁　c）外伸梁

二、梁横截面上的内力

1. 用截面法求梁的内力

梁的强度和刚度分析，在工程力学中占有重要的地位。而梁的内力分析对于解决梁的承载能力问题来说，又是很关键的。

根据梁的平衡条件，可以求出静定梁在载荷作用下的支反力，于是梁上的外力就都成为已知量。仍然应用截面法，便可求得梁的各个截面上的弯曲内力。现以图 6—5 所示的简支梁为例，进行梁的内力分析。F_1、F_2 和 F_3 为作用于简支梁上的集中力。为了求出梁上距 A 端为 x 处的任意截面 $m—m$ 上的内力，沿截面 $m—m$ 假想地把梁 AB 截开成两部分。取任意一部分，例如取左段为研究对象，并画其受力图如图 6—5b 所示。由于原来的 AB 梁处于平衡状态，所以，截分出的梁的左段也应处于平衡状态。

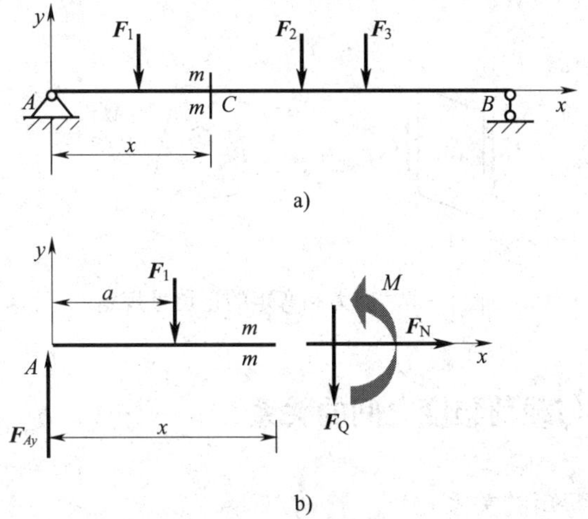

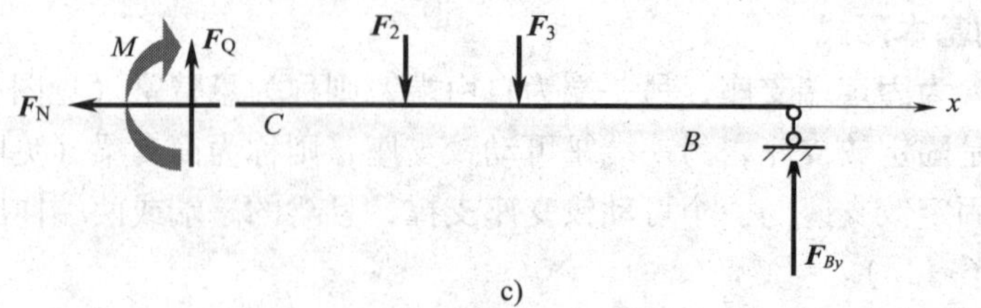

c)

图6—5　截面法求简支梁内力

(1) 左段的外力 F_{Ay}有使左段梁向上移动的趋势，为了保持左段梁的平衡，截面 $m—m$ 上必有一个与横截面相切的内力 F_Q，它是与横截面相切的分布力系的合力，说明梁受到剪切作用，因此剪力为 F_Q。

$$\sum F_x = 0 \Rightarrow F_N = 0$$

$$\sum F_y = 0 \Rightarrow F_Q = F_{Ay} - F_1$$

(2) 外力 F_{Ay}与内力 F_Q又有使梁沿顺时针方向转动的趋势，因此截面 $m—m$ 上必然还有一个弯矩 M 使左段梁保持平衡，它是垂直于横截面的内力系的合力偶矩。

$$\sum M_C = 0 \Rightarrow M = F_{Ay}x - F_1(x - a)$$

由于剪力 F_Q和弯矩 M 是梁的左端与右端在截面 $m—m$ 上的相互作用的内力，故无论用 $m—m$ 左端部分，还是右端部分的平衡计算出的内力，其数值总是相等的，但方向总是相反。需要注意的是，取简单部分作为隔离体，列平衡方程时，尽量使一个方程含有一个未知量。

2. 剪力和弯矩的符号规定

为了使从左、右两段梁求得同一截面上的剪力 F_Q和弯矩 M 具有相同的正负号，并考虑到土建工程上的习惯要求，对剪力和弯矩的正负号特做如下规定：

(1) 剪力的正负号。使梁段有顺时针转动趋势的剪力为正（见图6—6a），反之为负（见图6—6b）。

(2) 弯矩的正负号。使梁段产生下侧纤维受拉的弯矩为正（见图6—6c），反之为负（见图6—6d）。

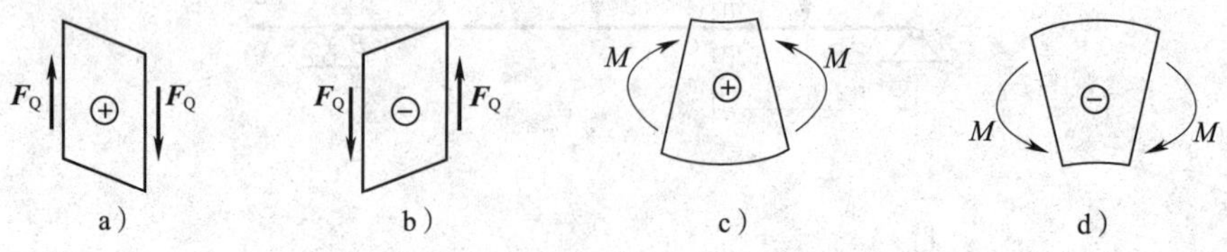

图6—6　剪力和弯矩的正负号规定

三、弯矩、剪力与载荷集度之间的关系

载荷集度、剪力和弯矩的关系：

$$\frac{d^2M(x)}{dx^2} = \frac{dF_Q(x)}{dx} = q(x)$$

1．$q=0$，F_Q为常数。剪力图为水平直线。M（x）为x的一次函数，弯矩图为直线。当$F_Q=0$时，弯矩图为水平直线；当$F_Q\neq0$时，弯矩图为斜直线。

2．q为常数，F_Q（x）为x的一次函数。剪力图为斜直线。M（x）为x的二次函数，弯矩图为抛物线。分布载荷向上（$q>0$），抛物线呈上凸的曲线；分布载荷向下（$q<0$），抛物线呈下凸的曲线。

3．剪力$F_Q=0$处，弯矩取极值。

4．集中力作用处，剪力图突变，弯矩图为折点。从左到右，向上（下）集中力作用处，剪力图向上（下）突变，突变幅度为集中力的大小；弯矩图在该处为折点。

5．集中力偶作用处，弯矩图突变，剪力图无变化。从左到右，顺（逆）时针集中力偶作用处，弯矩图向下（上）突变，突变幅度为集中力偶的大小；剪力图在该处没有变化。

先求出支座反力，然后列出梁轴线的剪力方程和弯矩方程，最后画出剪力图和弯矩图。图6—2所示任务的计算简图如图6—7a所示。

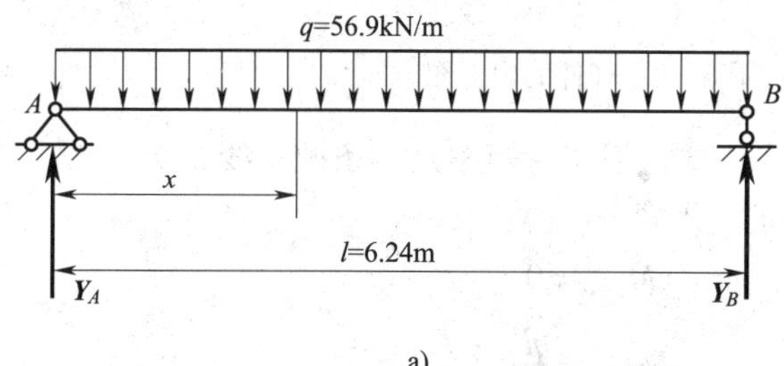

a)

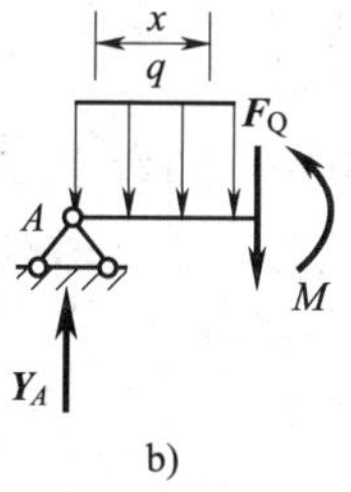

b)

图6—7　承受均布载荷的梁

解：

1．求支座反力

由 $\sum Y=0$ 和对称条件知：

$$Y_A = Y_B = \frac{ql}{2}$$

2．列剪力方程和弯矩方程

以左端A为原点，并将x表示在图上（见图6—7b）。

$$F_Q(x) = Y_A - qx = \frac{ql}{2} - qx(0<x<l) \qquad a)$$

$$M(x) = Y_A \cdot x - qx \cdot \frac{x}{2} = \frac{ql}{2}x - \frac{qx^2}{2}(0\leqslant x\leqslant l) \qquad b)$$

3．作剪力图和弯矩图

从式 a）中可知 F_Q（x）是 x 的一次函数，说明剪力图是一条直线。故以 $x=0$ 和 $x=l$ 分别代入，就可得到梁的左端和右端截面上的剪力分别为：

$$F_{QA(x\to 0)}=Y_A=\frac{ql}{2}$$

$$F_{QB(x\to l)}=\frac{ql}{2}-ql=-\frac{ql}{2}=-Y_B$$

由这两个控制数值可画出一条直线，即为梁的剪力图（见图 6—8）。

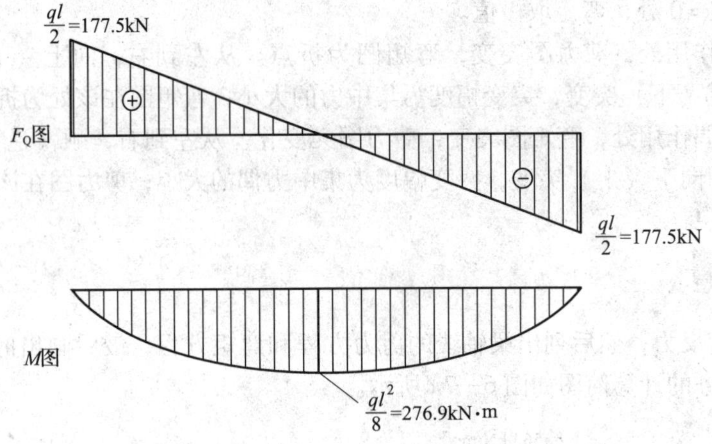

图 6—8　杆件的内力图

从式 b）可知弯矩方程是 x 的二次式，说明弯矩图是一条抛物线，至少需由三个控制点确定。故以 $x=0$，$x=l/2$，$x=l$ 分别代入式 b）得：

$$M_{x=0}=0$$

$$M_{x=\frac{l}{2}}=\frac{ql^2}{8}$$

$$M_{x=l}=0$$

有了这三个控制数值，就可画出式 b）表示的抛物线，即弯矩图（见图 6—8）。

对于初学者，为便于作图，可先将上面求得的各控制点的 F_Q、M 值排列如下表，然后根据表中数据及剪力方程和弯矩方程所示曲线的性质作出剪力图和弯矩图。

x	0	$\frac{l}{2}$	l
F_Q（x）	$\frac{ql}{2}$	0	$-\frac{ql}{2}$
M（x）	0	$\frac{ql^2}{8}$	0

由作出的剪力图和弯矩图可以看出，最大剪力发生在梁的两端，并且其绝对值相等，数值为 $F_{Q\max}=\frac{ql}{2}$；最大弯矩发生在跨中点处（$F_Q=0$），$M_{\max}=ql^2/8$。

将已知的 $q=56.9\ \text{kN/m}$ 和 $l=6.24\ \text{m}$ 分别代入，可得

$$F_{Q\max}=\frac{ql}{2}=\frac{56.9\times6.24}{2}=177.5\ \text{kN}$$

$$M_{\max}=\frac{ql^2}{8}=\frac{56.9\times6.24^2}{8}=276.9\ \text{kN}\cdot\text{m}$$

由此画出杆件的剪力图和弯矩图如图 6—8 所示。

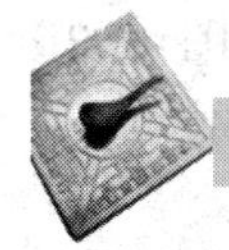

应用案例

案例 1　如图 6—9 所示简支梁在 C 截面上受集中力偶 m 作用，试作梁的剪力图和弯矩图。

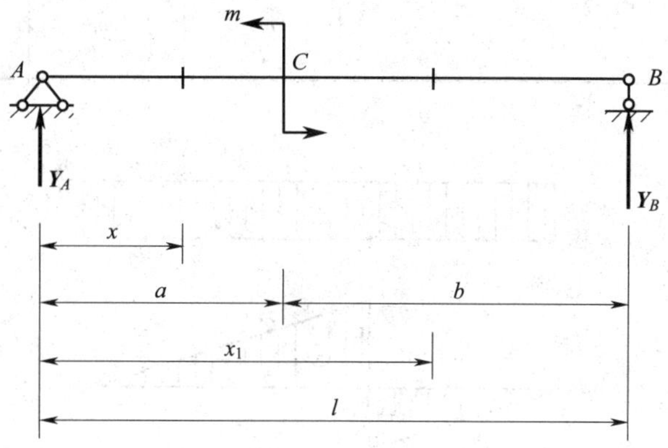

图 6—9　受集中力偶作用的简支梁

解:

1. 求支座反力

假设反力 Y_A、Y_B（方向如图所示）。

由 $\sum M_B=0, Y_Al-m=0$，得 $Y_A=\dfrac{m}{l}$。

由 $\sum M_A=0, -m-Y_Bl=0$，得 $Y_B=-\dfrac{m}{l}$。

求得的支座反力 Y_B 带有负号，说明它的实际方向与图中假设方向相反，由此可知 Y_A 与 Y_B 组成一个力偶与外力偶 m 平衡。

2. 列剪力方程和弯矩方程

以梁左端 A 为坐标原点，由于全梁只有集中力偶 m 作用，故只有一个剪力方程：

$$F_Q(x)=\frac{m}{l}\quad(0<x<l)$$

弯矩方程则应分为两段：

AC 段：

$$M(x)=Y_A x=\frac{m}{l}x(0\leqslant x<a)$$

CB 段：

$$M(x)=Y_A x_1-m=\frac{m}{l}x_1-m(a<x_1\leqslant l)$$

3．根据剪力方程和弯矩方程，作剪力图和弯矩图

计算各控制点处 F_Q（x）和 M（x）的值（见下表），并作剪力图和弯矩图，如图 6—10 所示。

x	0	a		l
F_Q（x）	$\frac{m}{l}$	$\frac{m}{l}$		$\frac{m}{l}$
M（x）	0	左侧 $\frac{ma}{l}$	右侧 $-\frac{mb}{l}$	0

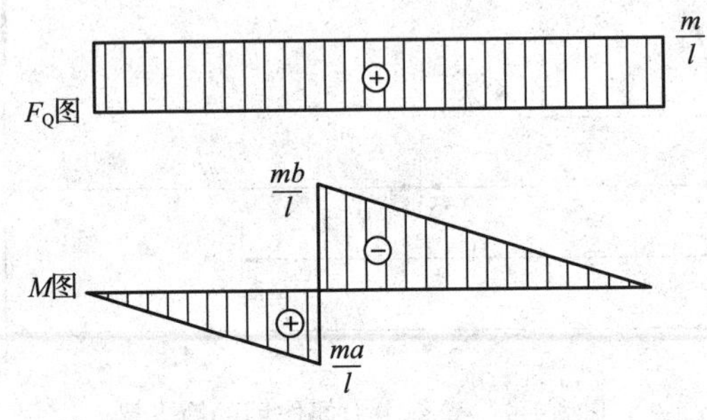

图 6—10　简支梁的内力图

由此例可以看出，在集中力偶作用处剪力图不变，而弯矩图发生突变。

案例 2　如图 6—11a 所示结构，试利用微分关系作其剪力图和弯矩图。

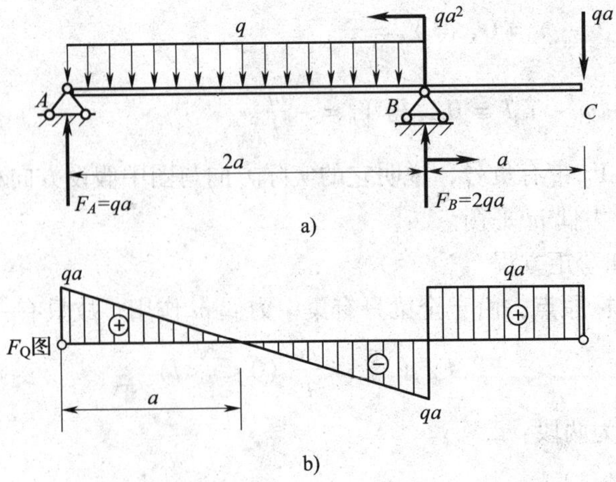

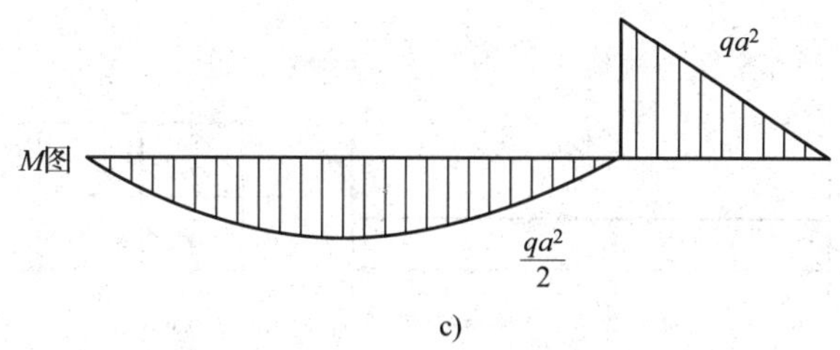

c)

图 6—11 作剪力图和弯矩图

解题思路：与梁对齐平行画出代表梁的线段；确定控制截面的 F_Q，M 值；利用微分关系，画出控制截面之间的 F_Q，M 图形。

解：

1．求支座反力

$$F_A = qa\ (\uparrow)$$

$$F_B = 2qa\ (\uparrow)$$

2．计算控制截面的内力值

$$F_{Qa} = 0$$

$$M_a = \frac{qa^2}{2}$$

3．绘制剪力图和弯矩图

剪力图和弯矩图如图 6—11b、c 所示。

任务二　计算平面弯曲构件的应力

1．能描述纯弯曲时的应力状况及平面弯曲时的静力状况。

2．能计算平面弯曲梁的正应力及简单截面的最大切应力。

如图 6—12 所示矩形截面梁，自由端受铅垂载荷 F 作用。任务要求：计算梁内的最大弯曲正应力和切应力，并比较其大小。

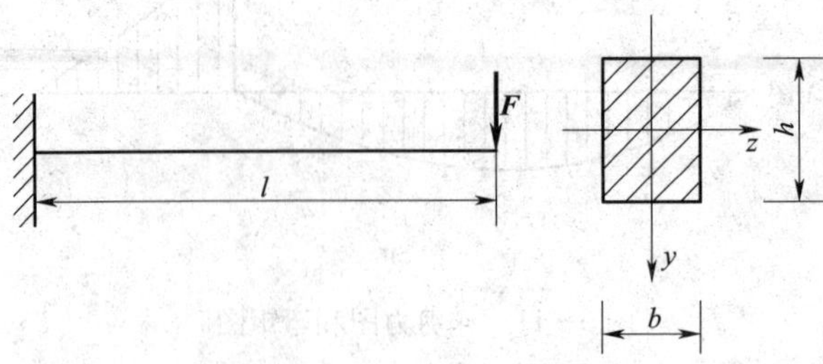

图 6—12　受铅垂载荷作用的矩形截面梁

在一般情况下，梁弯曲时横截面上会同时存在剪力和弯矩。显然，弯矩是横截面上正应力合成的结果，而剪力是横截面上切应力合成的结果。

如图 6—13a 所示的简支梁，它受到一对对称载荷的作用，其剪力图和弯矩图分别如图 6—13b、c 所示。从图中可以看出，在 *AC* 段和 *DB* 段内，梁横截面上既有剪力又有弯矩，这种情况称为剪力弯曲；在 *CD* 段内，剪力为零，而弯矩为常数，因而，横截面上没有剪力，只有弯矩，这种情况称为纯弯曲。

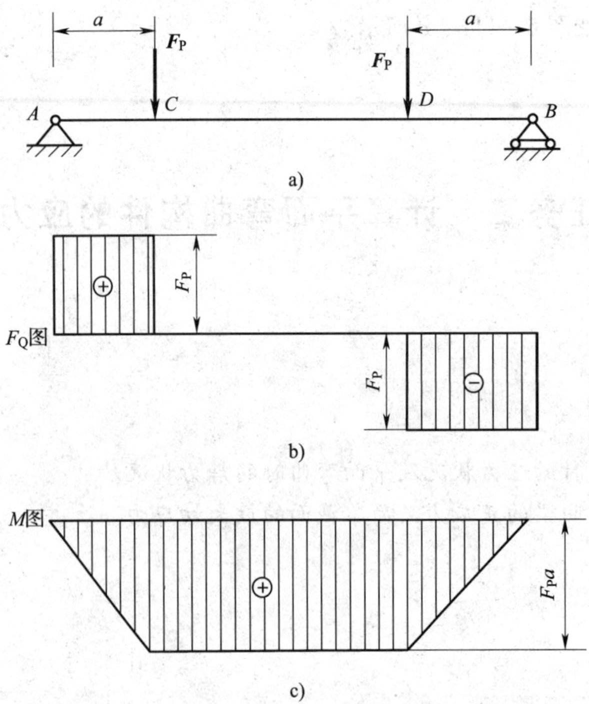

图 6—13　对称荷载作用下的简支梁的内力图

一、纯弯曲状态梁的正应力的分布规律

1. 试验现象

为了分析纯弯曲状态时正应力的变化规律，可以通过试验观察其变形现象。

首先，观察梁的变形。取一根对称截面梁（如矩形截面梁），在其表面画上纵线与横线（见图 6—14a）。然后，在梁两端纵向对称面内，施加一对大小相等、方向相反的力偶，使梁处于纯弯曲受力状态。从试验中可以观察到以下现象（见图 6—14b）：

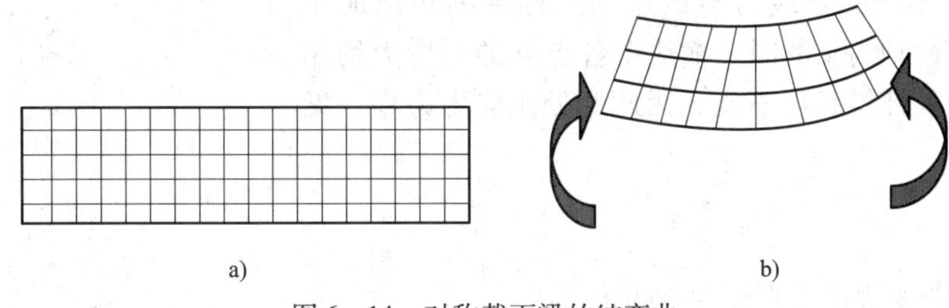

图 6—14 对称截面梁的纯弯曲

(1) 纵线仍为直线，只是纵线间作相对转动，但仍与横线正交。

(2) 横线变为弧线，而且靠近梁顶面的横线缩短，靠近梁底面的横线伸长。

(3) 在横线伸长区，梁的宽度减小；而在横线缩短区，梁的宽度则增大，情况与轴向拉、压时的变形相似。

2. 变形与受力假设

根据上述现象，对梁内变形与受力做如下假设：

(1) 变形后，横截面仍保持平面，且仍与纵线正交，称为弯曲问题的平面假设。

(2) 梁内各纵线“纤维”仅承受轴向拉应力或压应力，即处于所谓单向受力状态。

上述假设已为试验与理论分析所证实。

根据平面假设，梁变形后横截面仍与各纵线正交，即横截面上各点处均无切应变，因此，梁纯弯曲时横截面上无切应力。

根据平面假设，当梁弯曲时，部分“纤维”伸长，部分“纤维”缩短，由伸长区到缩短区，其间必存在一长度不变的过渡层，称为中性层（见图 6—15）。中性层与横截面的交

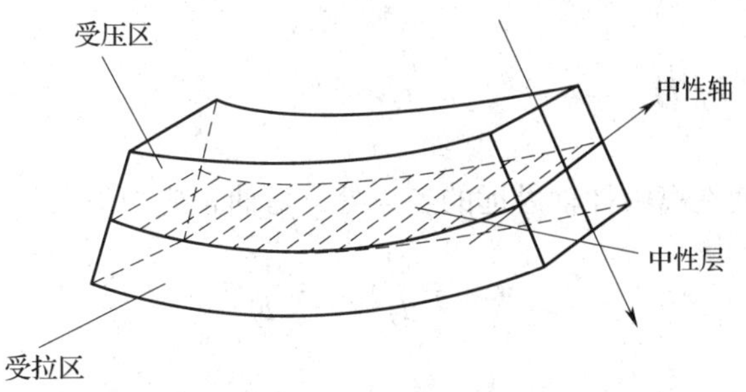

图 6—15 梁弯曲时的中性层

线，称为中性轴。对称弯曲时，梁的变形对称于纵向对称面，因此中性轴必垂直于截面的纵线对称轴。

概括地说，纯弯曲时梁的所有横截面仍保持平面，并绕中性轴作相对转动，而纵线“纤维”则均处于单向受力状态。

二、纯弯曲时梁截面的正应力

根据以上的分析和结论可以得出正应力的分布规律：横截面上任一点处的正应力与该点到中性轴的距离成正比，而在距中性轴为 y 的同一横线上各点处的正应力均相等，在中性轴处纤维长度不变，因此此处正应力为零（见图 6—16）。

$$\frac{\sigma}{y}=\frac{\sigma_{\max}}{y_{\max}}$$

由正应力分布规律得到任意点的正应力：

$$\sigma=\frac{M}{I_z}y$$

式中 M——横截面上的弯矩，N · m；

I_z——截面对中性轴的惯性矩，m^4；

y——所求应力点至中性轴的距离，m。

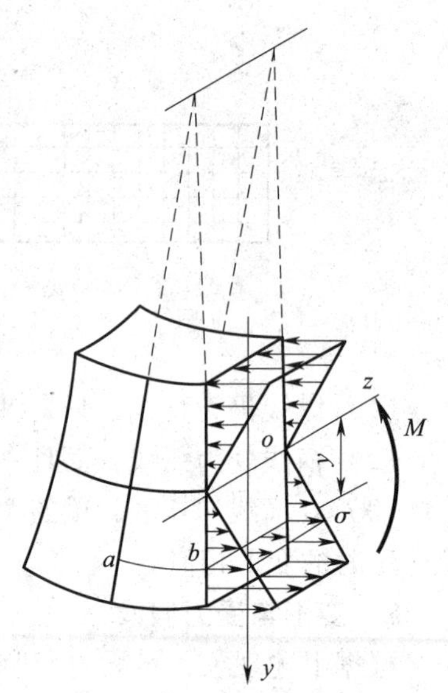

图 6—16　正应力分布图

当弯矩为正时，梁下部纤维伸长而产生拉应力，上部纤维缩短而产生压应力；弯矩为负时，则相反。在计算正应力时，可以不考虑弯矩 M 和 y 的正负号，均以绝对值代入，正应力是拉应力还是压应力可以由梁的变形来判断。

应该指出，以上公式虽然是在纯弯曲的情况下，以矩形梁为例建立的，但对于具有纵向对称面的其他截面形式的梁，如工字形、T 字形和圆形截面梁等仍然可以使用。同时，在实际工程中大多数受横向力作用的梁，横截面上都存在剪力和弯矩，但对一般细长梁来说，剪力的存在对正应力分布规律的影响很小。

三、最大弯曲正应力

在 $y=y_{\max}$ 即横截面在离中性轴最远的各点处，弯曲正应力最大，其值为：

$$\sigma_{\max}=\frac{M}{I_z}y_{\max}=\frac{M}{\dfrac{I_z}{y_{\max}}}$$

式中，比值 $I_z/y_{\max}$ 仅与截面的形状和尺寸有关，称为抗弯截面模量，用 W_z 表示。即

$$W_z = \frac{I_z}{y_{\max}}$$

于是，最大弯曲正应力为

$$\sigma_{\max} = \frac{M}{W_z}$$

可见，最大弯曲正应力与弯矩成正比，与抗弯截面模量成反比。抗弯截面模量综合反映了横截面的形状与尺寸对弯曲正应力的影响。

如图 6—17 所示，几种截面的抗弯截面模量分别为：

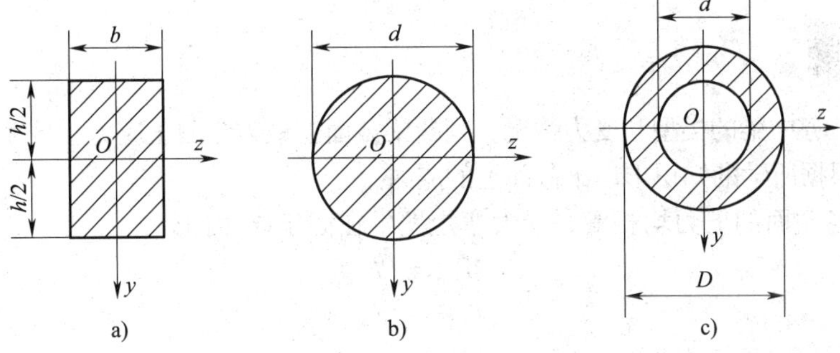

图 6—17　几种横截面类型

矩形：

$$W_z = \frac{bh^2}{6}$$

$$I_z = \frac{bh^3}{12}$$

圆形：

$$W_z = \frac{\pi d^3}{32}$$

$$I_z = \frac{\pi D^4}{64}$$

空心圆截面：

$$W_z = \frac{\pi D^3}{32}(1 - \alpha^4)$$

$$I_z = \frac{\pi D^4}{64}(1 - \alpha^4)$$

式中 $\alpha = d/D$，为内、外径的比值。

四、梁横截面上的切应力

切应力的分布规律与截面的性质有关。

切应力的计算公式为：

$$\tau=\frac{F_{Q}S_{z}^{*}}{I_{z}b}$$

式中，I_z 为整个横截面对中性轴 z 的惯性矩；S_z^* 为 y 处横线一侧的部分截面对 z 轴的静矩。

特别地，对于矩形截面梁（见图 6—18），$y=\pm\frac{h}{2}$时，τ（y）$=0$；$y=0$ 时，$\tau_{\max}=\frac{3}{2}\frac{F_{Q}}{A}$。

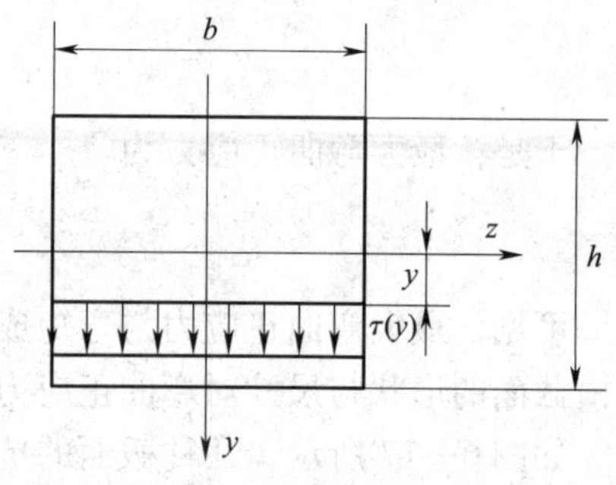

图 6—18　矩形梁横截面上的切应力

任务实施

根据工作任务中梁的类型和受力情况，判断梁截面上最大弯曲正应力和最大弯曲切应力发生的位置，并根据所学的知识求出梁截面上的应力。

解： 梁中各截面的剪力均相等，最大弯矩发生在固定端截面处。

$$M_{\max}=Pl$$

$$F_{Q}=-F$$

梁内的最大弯曲正应力为：

$$\sigma_{\max}=\frac{M_{\max}}{W_{z}}=\frac{6Fl}{bh^{2}}$$

梁内的最大弯曲切应力为：

$$\tau_{\max}=\frac{3F}{2A}=\frac{3P}{2bh}$$

最大弯曲正应力与最大弯曲切应力的比值为：

$$\frac{\sigma_{\max}}{\tau_{\max}}=4\frac{l}{h}$$

因此，对跨度 l 远大于截面高度 h 的细长梁，梁内的最大弯曲正应力远大于最大弯曲切应力。这个结论对细长的非薄壁梁也是成立的，即最大弯曲正应力与最大弯曲切应力比值的数量级约等于梁的跨高比 l/h 的数量级。

应用案例

案例　如图 6—19 所示悬臂梁，自由端承受集中载荷 F 作用。已知 $h=18$ cm，$b=12$ cm，$y=6$ cm，$a=2$ m，$F=1.5$ kN。计算 A 截面上 K 点的弯曲正应力。

解： A 截面上的弯矩

$$M_{A}=-Fa=-1.5\times2=-3\ \text{kN}\cdot\text{m}$$

截面对中性轴的惯性矩

$$I_{z}=\frac{bh^{3}}{12}=\frac{120\times180^{3}}{12}=5.832\times10^{7}\ \text{mm}^{4}$$

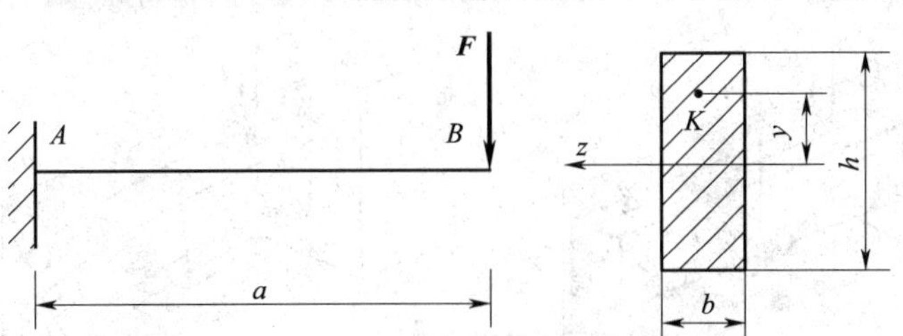

图 6—19 计算梁截面的弯曲正应力

则

$$\sigma_K = \frac{M_A}{I_z}y = \frac{3\times10^6}{5.832\times10^7}\times60 = 3.09\ \text{MPa}$$

A 截面上的弯矩为负，K 点是在中性轴的上边，所以为拉应力。

任务三 计算平面弯曲构件的变形

学习目标

1. 学会用叠加法计算平面弯曲构件的变形。
2. 能够求出平面弯曲构件的最大挠度和转角。

工作任务

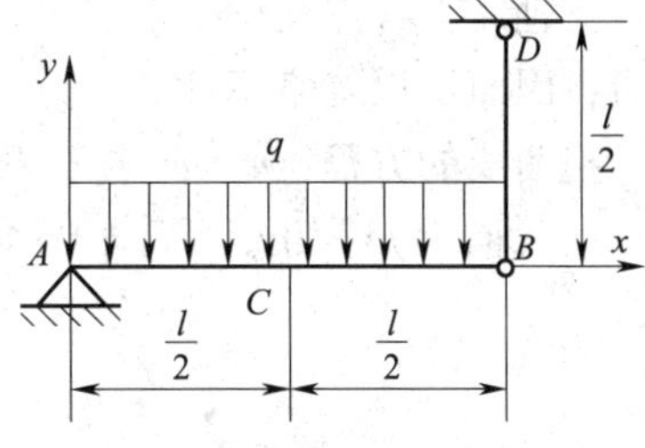

图 6—20 均布荷载作用下的梁

如图 6—20 所示梁 AB 以拉杆 BD 支撑。已知梁的抗弯刚度为 EI，拉杆的抗拉刚度为 EA。任务要求：求梁中点 C 的挠度以及支座处的转角。

相关理论

梁平面弯曲时其变形特点是：梁轴线既不伸长也不缩短，其轴线在纵向对称面内弯曲成一条平面曲线，而且处处与梁的横截面垂直，而横截面在纵向对称面内相对于原有位置转动了一个角度，如图 6—21 所示。显然，梁变形后轴线的形状以及截面偏转的角度是衡量梁刚度好坏的重要指标。

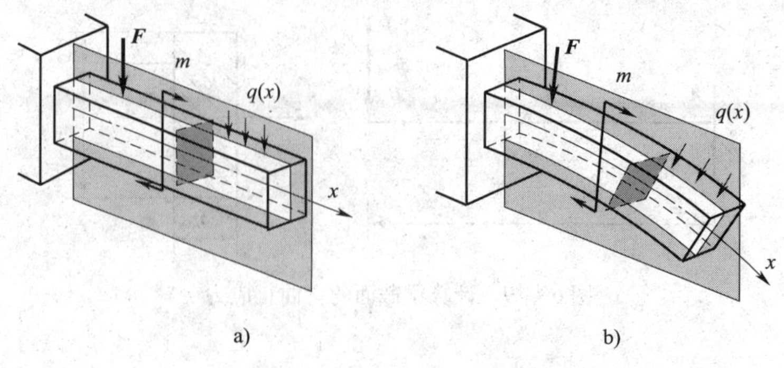

图 6—21　梁的平面弯曲

一、挠度和转角的概念

1. 挠度

在线弹性小变形条件下，梁在横力作用时将产生平面弯曲，则梁轴线由原来的直线变为纵向对称面内的一条平面曲线，很明显，该曲线是连续的光滑的曲线，这条曲线称为梁的挠曲线，如图 6—22 所示。

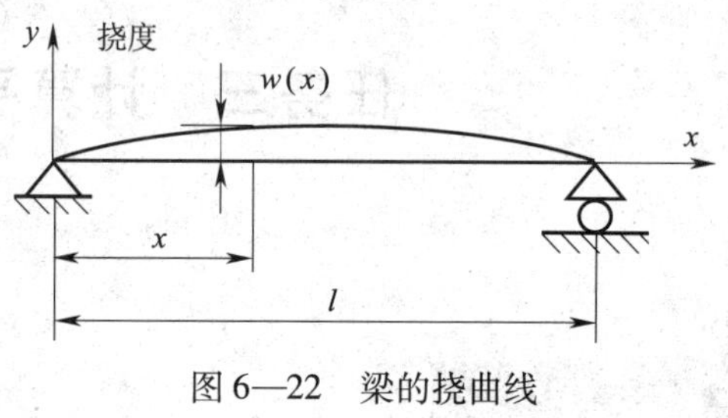

图 6—22　梁的挠曲线

梁轴线上某点在梁变形后沿竖直方向的位移（横向位移）称为该点的挠度。在小变形情况下，梁轴线上各点在梁变形后沿轴线方向的位移（水平位移）可以证明是横向位移的高阶小量，因而可以忽略不计。

挠曲线的方程：$w = w\,(x)$ 称为挠曲线方程或挠度函数。一般情况下规定：挠度沿 y 轴的正向（向上）为正，沿 y 轴的负向（向下）为负，如图 6—23 所示。

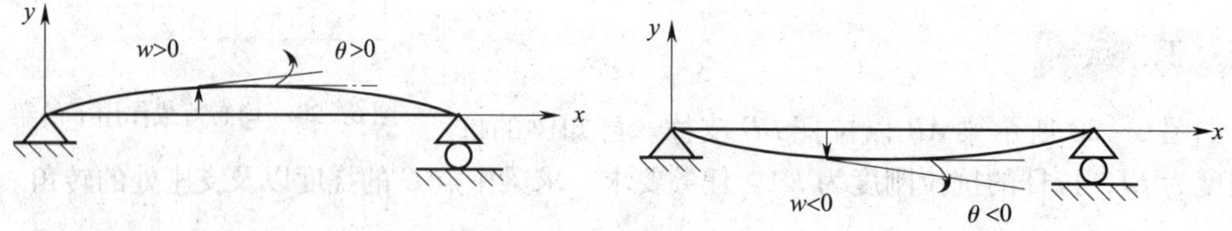

图 6—23　梁的挠度和转角的符号

a）正的挠度和转角　b）负的挠度和转角

2. 转角

梁变形后，其横截面在纵向对称面内相对于原有位置转动的角度称为转角，如图 6—24 所示。

转角随梁轴线变化的函数：

$$\theta=\theta\ (x)$$

$$\theta\ (x)=\frac{\mathrm{d}w\ (x)}{\mathrm{d}x}$$

即转角函数等于挠度函数对 x 的一阶导数。一般情况下规定：转角逆时针转动时为正，顺时针转动时为负（见图6—23）。

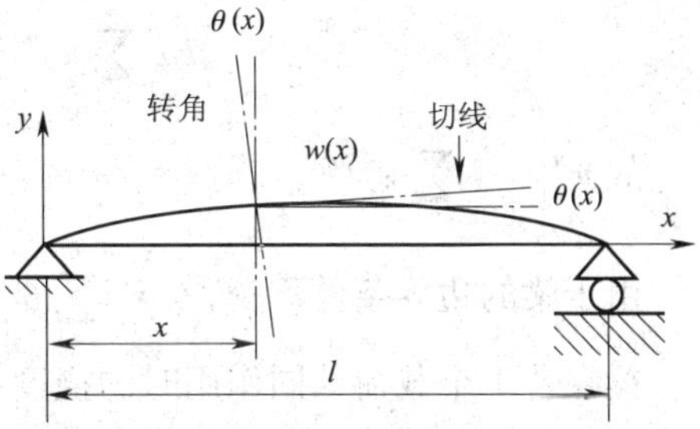

图6—24 梁的转角

二、挠曲线近似微分方程

梁在纯弯曲状态下用中性层曲率表示的弯曲变形公式为：

$$\frac{1}{\rho}=\frac{M}{EI_z}$$

如果忽略剪力对变形的影响，上式也适用于一般的非纯弯曲。

由高等数学可知，挠曲线 $w=f\ (x)$ 的曲率为：

$$\frac{1}{\rho}=\frac{w''\ (x)}{[1+(w'\ (x))^2]^{1.5}}$$

在小变形条件下，梁的转角很小，因此经过简化后即可得到挠曲线近似微分方程：

$$w''\ (x)\ =\frac{M}{EI_z}$$

三、用积分法求挠曲线及转角方程

将挠曲线近似微分方程积分两次，即可得转角方程和挠度方程：

$$\theta\ (x)=\int\frac{M}{EI}\mathrm{d}x+C$$

$$w\ (x)=\int(\int\frac{M}{EI}\mathrm{d}x)\ \mathrm{d}x+Cx+D$$

式中，C、D 为积分常数，可利用梁的位移边界条件来确定。

四、用叠加法求挠度与转角

设梁上有 n 个载荷同时作用，任意截面上的弯矩为 $M\ (x)$，转角为 θ，挠度为 w，则有：$EIw''=M\ (x)$。

若梁上只有第 i 个载荷单独作用，截面上弯矩为 $M_i\ (x)$，转角为 θ_i，挠度为 w_i，则有：$EIw''_i=M_i\ (x)$。

由弯矩的叠加原理可知：

$$\sum_{i=1}^{n}M_i(x)\ =M(x)$$

所以有：

$$EI\sum_{i=1}^{n} w_i'' = EI(\sum_{i=1}^{n} w_i)'' = M(x)$$

故 $w'' = (\sum_{i=1}^{n} w_i)''$。

由于梁的边界条件不变，$\theta = \sum_{i=1}^{n}\theta_i$。

梁在若干个载荷共同作用时的挠度或转角，等于在各个载荷单独作用时的挠度或转角的代数和。这就是计算弯曲变形的叠加原理。用叠加法求挠度与转角，是工程力学中较常用的一种方法。

先对杆件进行内力分析，确定杆件的内力，由此求出杆件的绕曲线方程和转角方程，然后根据边界条件确定方程的积分常数，最后求出挠度和转角。

解：

1. 求支反力和弯矩函数

由于该梁是对称载荷梁，所以 A 处的支反力和 B 处拉杆的拉力是相等的，即：

$$R_A = R_B = \frac{ql}{2}$$

梁中的弯矩函数为：

$$M(x) = \frac{qx(l-x)}{2} \quad (0 \leqslant x \leqslant l)$$

2. 求转角函数和挠度函数

$$\theta(x) = \int \frac{M(x)}{EI}\mathrm{d}x + C = \frac{qx^2}{2EI}\left(\frac{l}{2} - \frac{x}{3}\right) + C$$

$$w(x) = \int \theta(x)\,\mathrm{d}x + D = \frac{qx^3}{12EI}\left(l - \frac{x}{2}\right) + Cx + D$$

3. 确定积分常数

约束条件为：

$$w(0) = 0$$

$$w(l) = -\Delta l = -\left(\frac{ql}{2}\cdot\frac{l}{2}\right)/EA = -\frac{ql^2}{4EA}$$

代入挠度函数表达式得：

$$D = 0$$

$$C = -\left(\frac{ql^3}{24EI} + \frac{ql}{4EA}\right)$$

于是转角函数和挠度函数为：

$$\theta(x) = \frac{qx^2}{2EI}\left(\frac{l}{2} - \frac{x}{3}\right) - \frac{ql}{4EI}\left(\frac{l^2}{6} + \frac{I}{A}\right)$$

$$w(x)=\frac{qx^3}{12EI}\left(l-\frac{x}{2}\right)-\frac{qlx}{4EI}\left(\frac{l^2}{6}+\frac{I}{A}\right)$$

4．求梁中点的挠度以及支座处的转角

梁中点的挠度为：

$$w_C=w\left(\frac{l}{2}\right)=\frac{q(l/2)^3}{12EI}\left(l-\frac{l}{4}\right)-\frac{ql^2}{8EI}\left(\frac{l^2}{6}+\frac{I}{A}\right)=-\left(\frac{5ql^4}{384EI}+\frac{ql^2}{8EA}\right)\text{（向下）}$$

支座处的转角为：

$$\theta_A=\theta(0)=-\frac{ql}{4EI}\left(\frac{l^2}{6}+\frac{I}{A}\right)=-\left(\frac{ql^3}{24EI}+\frac{ql}{4EA}\right)\text{（顺时针）}$$

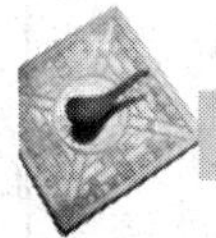

应用案例

在载荷比较多的情况下，欲求梁的挠度和转角，往往运用叠加原理。

案例　如图6—25a所示结构。试用叠加法求梁中截面 A 的挠度和截面 B 的转角。图中 q、l、EI 等为已知。

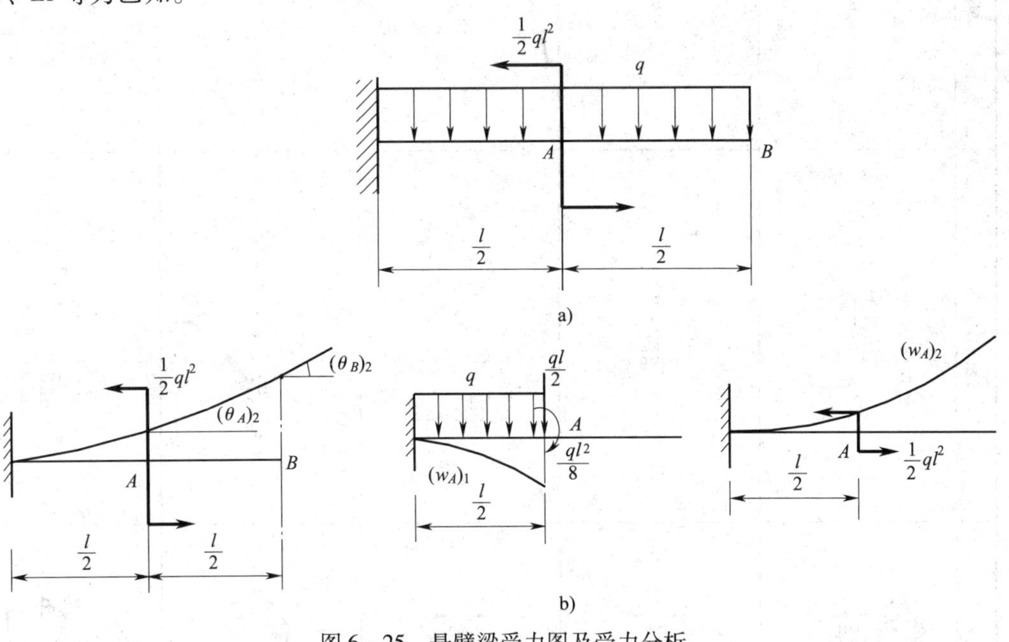

图6—25　悬臂梁受力图及受力分析

解：

$$\theta_B=(\theta_B)_1+(\theta_B)_2=(\theta_B)_1+(\theta_A)_2=-\frac{q(l)^3}{6EI}+\frac{\left(\frac{1}{2}ql^2\right)\cdot\left(\frac{l}{2}\right)}{EI}=\frac{ql^3}{12EI}\text{（逆时针）}$$

$$w_A=(w_A)_1+(w_A)_2=\left[-\frac{q\left(\frac{l}{2}\right)^4}{8EI}-\frac{\frac{ql^2}{8}\left(\frac{l}{2}\right)^2}{2EI}-\frac{\frac{ql}{2}\left(\frac{l}{2}\right)^3}{3EI}\right]+\frac{\frac{1}{2}ql^2\left(\frac{l}{2}\right)^2}{2EI}=\frac{7ql^4}{384EI}\text{（向上）}$$

附录

简单载荷作用下梁的挠度和转角

序号	梁的简图	挠曲线方程	端截面转角	最大挠度
1		$w=-\frac{M_e x^2}{2EI}$	$\theta_B=-\frac{M_e l}{EI}$	$w_B=-\frac{M_e l^2}{2EI}$
2		$w=-\frac{Fx^2}{6EI}(3l-x)$	$\theta_B=-\frac{Fl^2}{2EI}$	$w_B=-\frac{Fl^3}{3EI}$
3		$w=-\frac{Fx^2}{6EI}(3a-x)\ (0\leqslant x\leqslant a)$ $w=-\frac{Fa^2}{6EI}(3x-a)\ (a\leqslant x\leqslant l)$	$\theta_B=-\frac{Fa^2}{2EI}$	$w_B=-\frac{Fa^2}{6EI}(3l-a)$
4		$w=-\frac{qx^2}{24EI}(x^2-4lx+6l^2)$	$\theta_B=-\frac{ql^3}{6EI}$	$w_B=-\frac{ql^4}{8EI}$
5		$w=-\frac{M_e x}{6EIl}(l-x)(2l-x)$	$\theta_A=-\frac{M_e l}{3EI}$ $\theta_B=\frac{M_e l}{6EI}$	$x=\left(1-\frac{1}{\sqrt{3}}\right)l$, $w_{max}=-\frac{M_e l^2}{9\sqrt{3}EI}$ $x=\frac{l}{2}$, $w_{\frac{l}{2}}=-\frac{M_e l^2}{16EI}$

续表

序号	梁的简图	挠曲线方程	端截面转角	最大挠度
6		$w=-\dfrac{M_e x}{6EIl}(l^2-x^2)$	$\theta_A=-\dfrac{M_e l}{6EI}$ $\theta_B=\dfrac{M_e l}{3EI}$	$x=\dfrac{l}{\sqrt{3}}$， $w_{max}=-\dfrac{M_e l^2}{9\sqrt{3}EI}$ $x=\dfrac{l}{2}$，$w_{\frac{l}{2}}=-\dfrac{M_e l^2}{16EI}$
7		$w=\dfrac{M_e x}{6EIl}(l^2-3b^2-x^2)\quad(0\leqslant x\leqslant a)$ $w=\dfrac{M_e}{6EIl}[-x^3+3l(x-a)^2+(l^2-3b^2)x]\quad(a\leqslant x\leqslant l)$	$\theta_A=\dfrac{M_e}{6EIl}(l^2-3b^2)$ $\theta_B=\dfrac{M_e}{6EIl}(l^2-3a^2)$	
8		$w=-\dfrac{Fx}{48EI}(3l^2-4x^2)\quad\left(0\leqslant x\leqslant\dfrac{l}{2}\right)$	$\theta_A=-\theta_B=-\dfrac{Fl^2}{16EI}$	$w_{max}=-\dfrac{Fl^3}{48EI}$
9		$w=-\dfrac{Fbx}{6EIl}(l^2-x^2-b^2)\quad(0\leqslant x\leqslant a)$ $w=-\dfrac{Fb}{6EIl}\left[\dfrac{l}{b}(x-a)^3+(l^2-b^2)x-x^3\right]\quad(a\leqslant x\leqslant l)$	$\theta_A=-\dfrac{Fab(l+b)}{6EIl}$ $\theta_B=\dfrac{Fab(l+a)}{6EIl}$	设 $a>b$，在 $x=\sqrt{\dfrac{l^2-b^2}{3}}$处， $w_{max}=-\dfrac{Fb(l^2-b^2)^{3/2}}{9\sqrt{3}EIl}$ 在 $x=\dfrac{l}{2}$处，$w_{\frac{l}{2}}=-\dfrac{Fb(3l^2-4b^2)}{48EI}$
10		$w=-\dfrac{qx}{24EI}(l^3-2lx^2+x^3)$	$\theta_A=-\theta_B=-\dfrac{ql^3}{24EI}$	$w_{max}=-\dfrac{5ql^4}{384EI}$

任务四　分析平面弯曲构件的承载力

利用强度条件和刚度条件计算梁的承载力。

任务一：如图 6—26a 所示悬臂梁由两根完全相同的矩形截面木梁叠合而成。已知 $b=200$ mm，$h=200$ mm，$l=3$ m。设木材的容许应力 $[\sigma]=10$ MPa，试求梁的容许载荷 P。如果在自由端用两个螺栓将梁连接成一个整体（见图 6—26b）时，梁的容许载荷为多少？若螺栓的容许切应力 $[\tau]=100$ MPa，试求螺栓的最小直径 d。

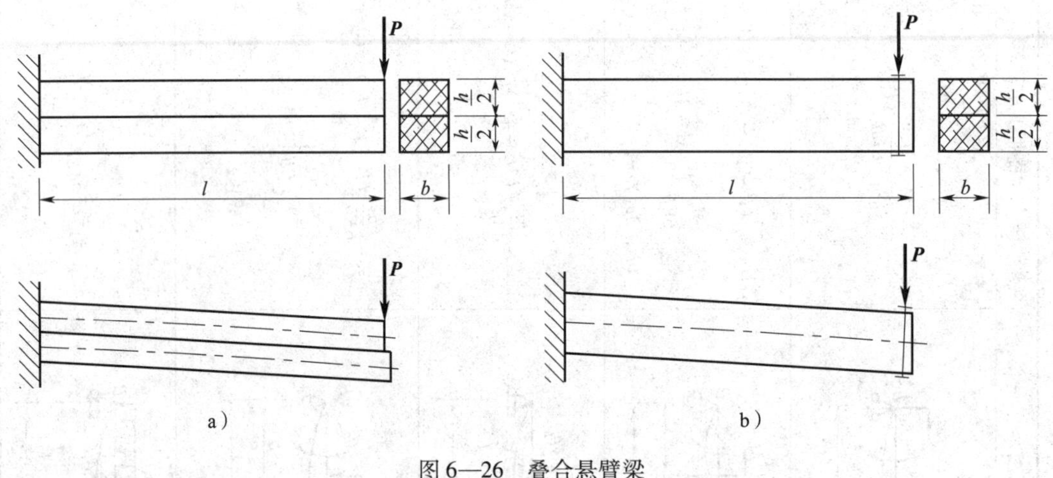

图 6—26　叠合悬臂梁

任务二：如图 6—27 所示的梁，其长度为 $L=1$ m，抗弯刚度为 $EI=4.9\times10^{5}$ N · m^{2}。当梁的最大挠度不超过梁长的 1/300 时，试确定梁的容许载荷。

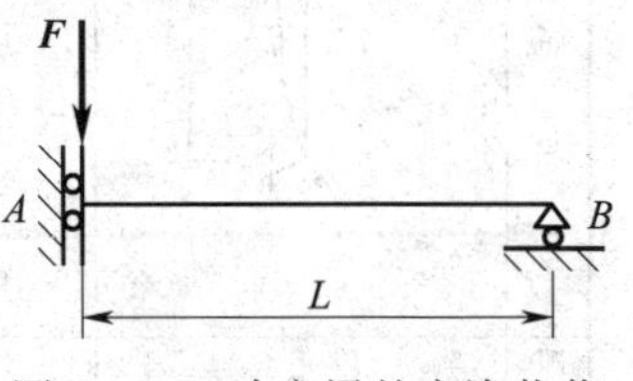

图 6—27　确定梁的容许载荷

相关理论

一、正应力强度条件

等直梁的最大正应力发生在最大弯矩的横截面上距中性轴最远的各点处，而该处的切应力等于零（或与该处正应力相比很小）。正应力强度条件：梁的横截面上的最大工作正应力不得超过材料的容许正应力。即：

$$\sigma_{max} = \frac{M_{max}}{W_z} \leqslant [\sigma]$$

式中 $[\sigma]$ 表示材料的容许正应力。

根据强度条件可以解决工程中有关强度方面的以下三类问题。

1. 强度校核

在已知梁的横截面形状和尺寸、材料及所受载荷的情况下，可校核梁是否满足正应力强度条件。

2. 设计截面

当已知梁的载荷和所用的材料时，可根据强度条件，先计算出所需的最小抗弯截面模量 $\left(W_z \geqslant \frac{M_{max}}{[\sigma]}\right)$，然后根据梁的截面形状，再由 W_z 值确定截面的具体尺寸或型钢号。

3. 确定容许载荷

已知梁的材料、横截面形状和尺寸，根据强度条件先算出梁所能承受的最大弯矩（$M_{max} \leqslant W_z[\sigma]$），然后由 M_{max} 与载荷的关系，算出梁所能承受的最大载荷。

二、切应力强度条件

处于横力弯曲下的等直梁，其横截面上一般既有弯曲，又有剪力。梁除了要保证正应力强度条件外，还需要满足切应力强度条件。

等直梁的最大切应力一般在最大剪力所在截面的中性轴各点处，这些点处的正应力为零，最大切应力所在点处于纯剪切状态。其相应的强度条件：

$$\tau = \frac{F_Q S_z^*}{I_z b} \leqslant [\tau]$$

式中，$[\tau]$ 为材料在横力弯曲时的容许切应力，其值参照有关设计规范中的规定。

三、刚度条件

对于工程结构中的许多梁，为了保证正常工作，梁不仅应具有足够的强度，而且应具有必要的刚度。例如，如果桥梁的挠度过大，则在机车通过时将产生很大的振动。在各类工程设计中，对构件弯曲位移的容许值有不同的规定。梁的刚度条件可表达为：

$$\omega_{\max} \leqslant [\omega]$$
$$\theta_{\max} \leqslant [\theta]$$

任务实施

任务一：

解：

1．计算未加螺栓时梁的容许载荷 P

未加螺栓时，两根木梁将各自发生弯曲（不计梁间摩擦力），每根梁的固定端有最大弯矩 $M_{\max}=\dfrac{Pl}{2}$，每根梁截面的抗弯截面模量为：

$$W_z=\frac{b\left(\dfrac{h}{2}\right)^2}{6}=\frac{bh^2}{24}$$

由每根梁的正应力强度条件式：

$$\sigma_{\max}=\frac{M_{\max}}{W_z}=\frac{12Pl}{bh^2}\leqslant[\sigma]$$

可确定悬臂梁的容许载荷为：

$$P\leqslant\frac{bh^2[\sigma]}{12l}=\frac{200\times10^{-3}\times(200\times10^{-3})^2\times10\times10^6}{12\times3}=2.22\ \text{kN}$$

2．计算用螺栓连接后梁的容许载荷 P

两根木梁用螺栓连接后，成为一根整体木梁，该梁固定端有最大弯矩 $M_{\max}=Pl$。由梁的正应力强度条件：

$$\sigma_{\max}=\frac{M_{\max}}{W_z}=\frac{Pl}{\dfrac{bh^2}{6}}=\frac{6Pl}{bh^2}\leqslant[\sigma]$$

可求得梁的容许载荷 P 为：

$$P\leqslant\frac{bh^2[\sigma]}{6l}=\frac{200\times10^{-3}\times(200\times10^{-3})^2\times10\times10^6}{6\times3}=4.44\ \text{kN}$$

与未加螺栓的情况相比，梁的最大工作应力减少了一半，即梁的承载能力提高了一倍。

3．计算螺栓直径

在横向载荷 P 的作用下，梁横截面上的剪力 $F_Q=P$，截面中性轴上的最大切应力为：

$$\tau_{\max}=\frac{3}{2}\frac{F_Q}{A}=\frac{3P}{2bh}=0.166\ 5\ \text{MPa}$$

根据切应力互等定理，中性层（即两根梁的结合面）上也必有与 $\tau_{\max}$ 数值相等的切应力 τ'。因此，中性层上的剪力为：

$$F_Q' = \tau' bl = 99.9\ \text{kN}$$

两根梁结合面的剪力 F_Q'将由两个螺栓承担，使螺栓发生剪切变形。由螺栓的切应力强度条件：

$$\tau = \frac{F_Q'}{2A'} = \frac{F_Q'}{2\pi\left(\frac{d}{2}\right)^2} \leqslant [\tau]$$

可求得螺栓的直径为：

$$d \geqslant \sqrt{\frac{2F_Q'}{\pi[\tau]}} = 25.2\ \text{mm}$$

即螺栓的直径应不小于 25.2 mm。

任务二：

解：原梁根据图 6—28a 所示的变形过程，等价于图 6—28b 所示的悬臂梁。梁的最大挠度在自由端 B'处，也就是原梁的最大挠度在 A 点，其值为：

$$w_{\max} = \frac{FL^3}{3EI}$$

根据刚度条件，有：

$$w_{\max} = \frac{FL^3}{3EI} \leqslant [w] = \frac{L}{300}$$

得：

$$F \leqslant \frac{EI}{100L^2} = \frac{4.9\times10^5}{100\times1^2} = 4.9\times10^3\ \text{N} = 4.9\ \text{kN}$$

故梁的容许载荷为 $[F] = 4.9$ kN。

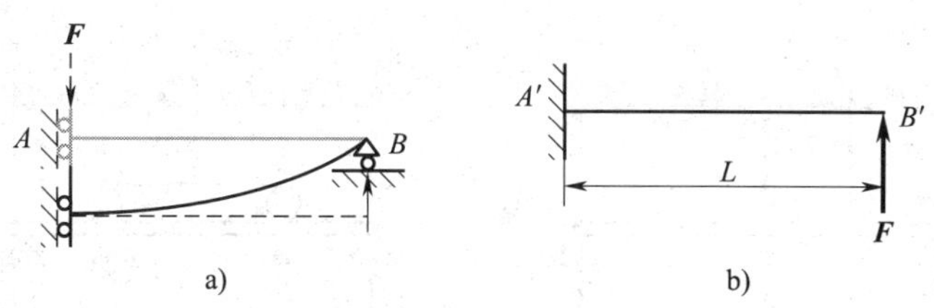

图 6—28　梁的变形及受力图

思考与练习

1. 根据习题图 6—1 所示梁上外力偶矩 M 的方向，绘出截面 1—1 上应力分布情况。

2. 根据习题图 6—2 所示截面上的弯矩 M_w，绘出该截面上正应力分布情况。

3. 如习题图 6—3 所示，梁 AB 上作用一力 $\boldsymbol{F}$，$F=50$ kN，$l=2$ m，求 C 点的弯矩值。

4. 如习题图 6—4 所示，梁 AB 上作用载荷 $\boldsymbol{F}$ 大小相同，但作用点位置和作用方式不同，试绘出图示各种情况下梁 AB 的弯矩图，哪一种加载方式使梁 AB 产生的弯矩最大？哪一种最小？

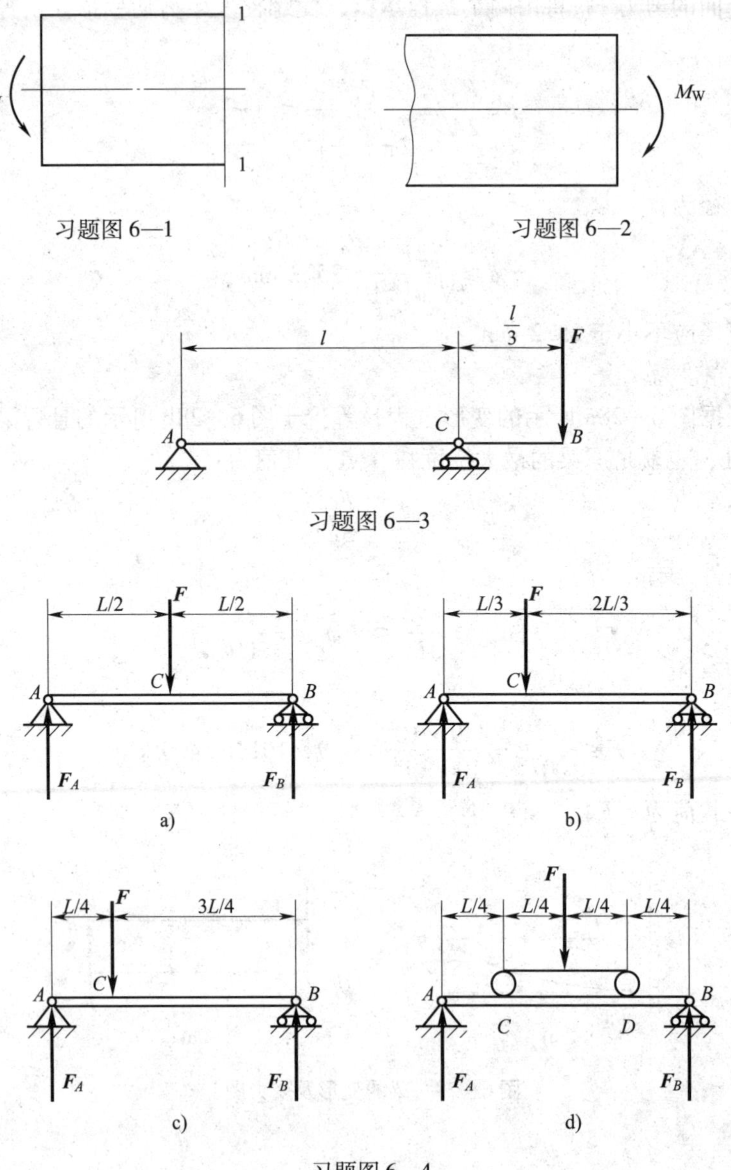

习题图 6—1

习题图 6—2

习题图 6—3

a)

b)

c)

d)

习题图 6—4

5．绘出习题图 6—5 所示各梁的弯矩图。

6．绘出习题图 6—6 所示各梁的弯矩图。

7．习题图 6—7 所示结构中，钢梁 *AB* 及立柱 *CD* 分别由 16 号工字钢和连成一体的两根 63 mm×63 mm×5 mm 角钢制成，杆 *CD* 符合钢结构设计规范中实腹式 b 类截面中心受压杆的要求。均布载荷集度 q = 48 kN/m。梁及柱的材料均为 Q235 钢，［σ］ = 160 MPa，E = 210 GPa。试验算梁和立柱是否安全。

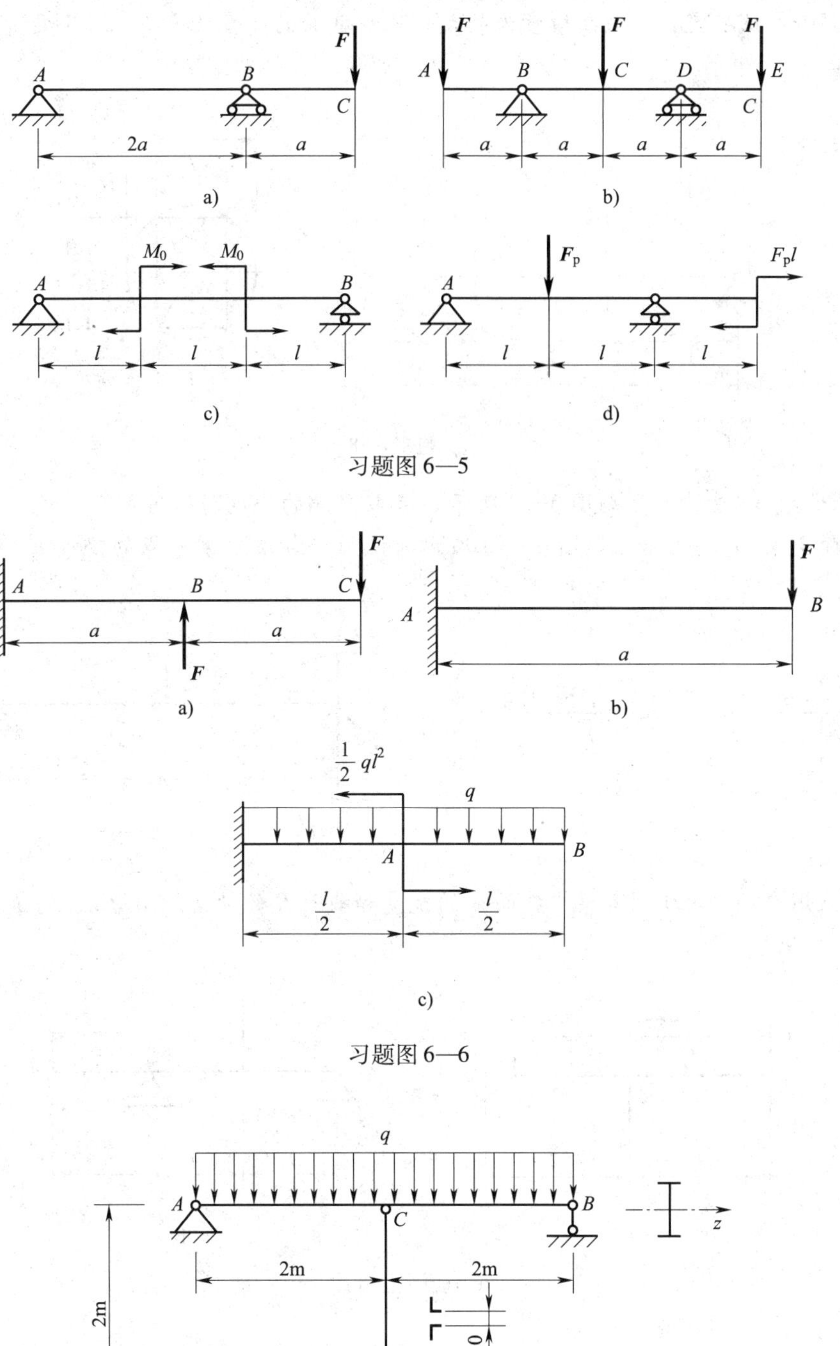

习题图 6—5

习题图 6—6

习题图 6—7

8．习题图6—8所示矩形截面简支梁由圆柱形木料锯成。已知$F=5$ kN，$d=1.5$ m，$[\sigma]=10$ MPa。试确定抗弯截面模量为最大时矩形截面的高宽比h/b，以及梁所需木料的最小直径d。

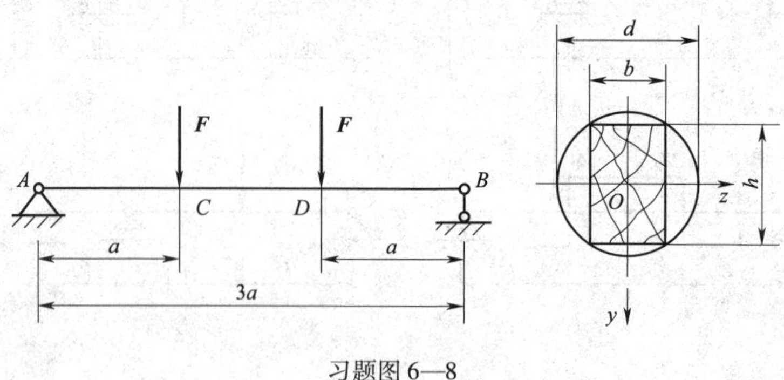

习题图6—8

9．悬臂梁AB受力如习题图6—9所示。试求B端的挠度与转角。

10．简支梁AB受力如习题图6—10所示。试用叠加法求梁中点的挠度w_C和A支座处的转角θ_A。

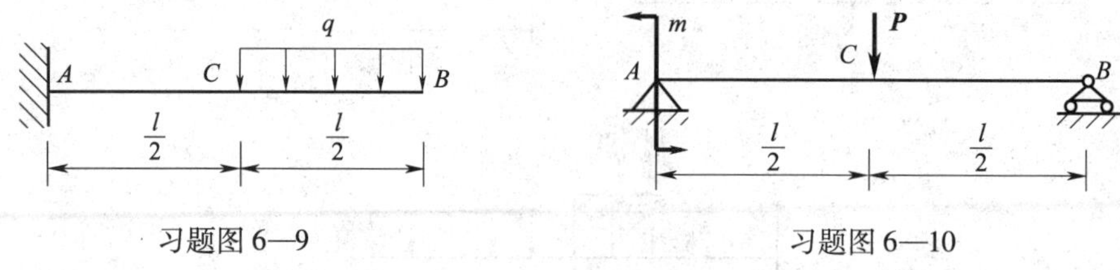

习题图6—9　　习题图6—10

11．试用叠加法求下列各梁中截面A的挠度和截面B的转角。图中q、l、EI等为已知。

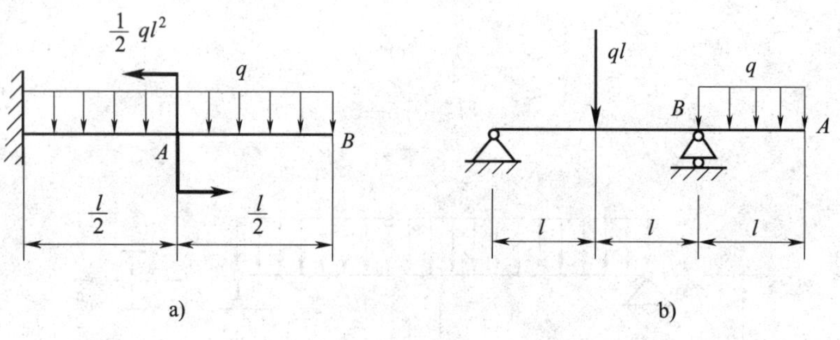

习题图6—11

模块七

组合变形分析

学习目标

1. 掌握几种组合变形的受力状态。
2. 能描述组合变形的受力特点及强度状况。

工程应用

在工程实际中，构件在载荷作用下往往会发生两种或两种以上的基本变形。若其中一种变形是主要的，其他变形所引起的应力很小，则构件可以按照主要的基本变形进行计算。若几种变形所对应的应力（或变形）属于同一数量级，则构件的变形为组合变形。例如，烟囱在风载和自重作用下的变形就是一种弯曲与轴向压缩的组合。因此，有必要研究组合变形情况下的受力分析。

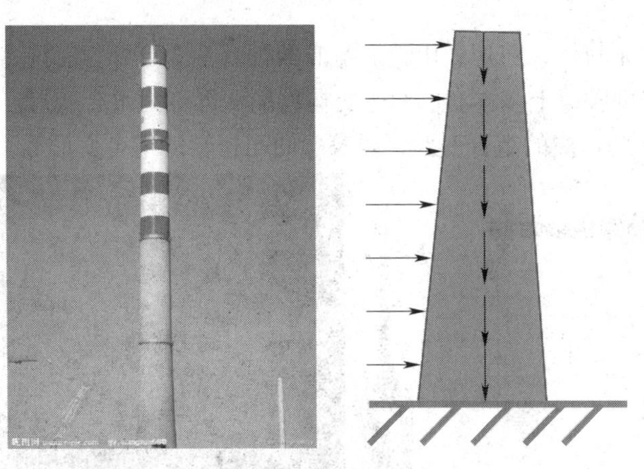

图 7—1　烟囱在自重和风载的作用下的受力

如图 7—1 所示，烟囱在风载和自重的作用下会产生压弯组合变形，而构件在小变形和服从胡克定律的条件下，力的独立性原理是成立的。所有载荷作用下的内力、应力、应变等，是各个单独载荷作用下的值的叠加。

已知铸铁压力机框架的立柱横截面尺寸如图 7—2 所示，材料的容许拉应力 $[\sigma_t]$ = 30 MPa，容许压应力 $[\sigma_c]$ = 120 MPa。试按立柱的强度计算许可载荷 F。

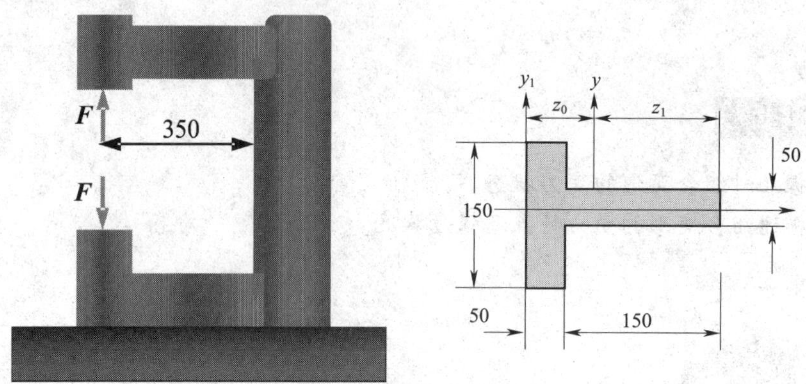

图 7—2 铸铁压力机框架及横截面尺寸

一、组合变形的概念

工程实际中，除了拉压、剪切、扭转、弯曲四种基本变形外，有许多构件在外力作用下往往会同时产生两种或两种以上基本变形，这类构件的变形称为组合变形。工程中常见的组合变形有拉伸（或压缩）与弯曲的组合变形，以及弯曲与扭转的组合变形等，如图 7—3 所示。

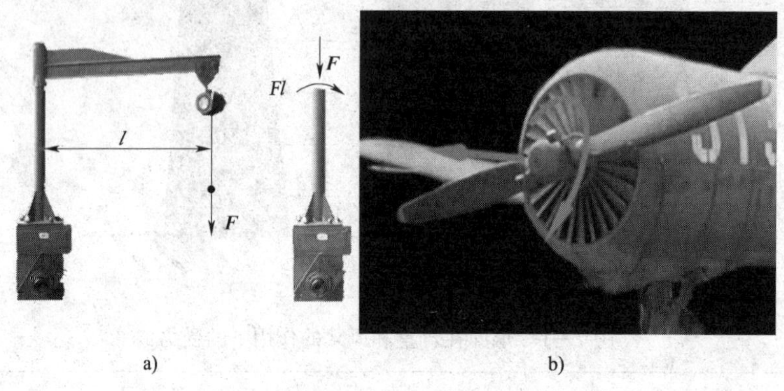

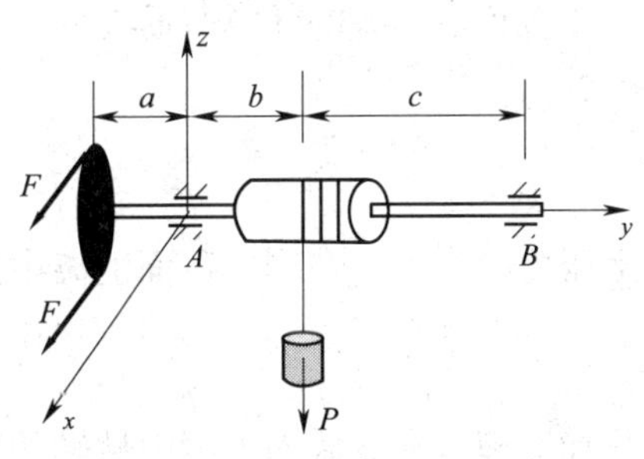

c)

图 7—3　工程中常见的组合变形

a）压弯组合变形　b）拉弯组合变形　c）弯扭组合变形

二、拉伸（或压缩）与弯曲组合变形

若作用在杆上的外力除轴向力外，还有横向力，则杆将发生拉伸（若压缩）与弯曲的组合变形。

如图 7—4a 所示的矩形等截面石墩，它同时受到水平方向的土压力和竖直方向的自重作用。显然土压力会使它发生弯曲变形，而自重则会使它发生压缩变形。因石墩的横截面积 A 和惯性矩 I 都比较大，在受力后其变形很小，故可以忽略其压缩变形和弯曲变形间的相互影响，并根据叠加原理求得石墩任一截面上的应力。

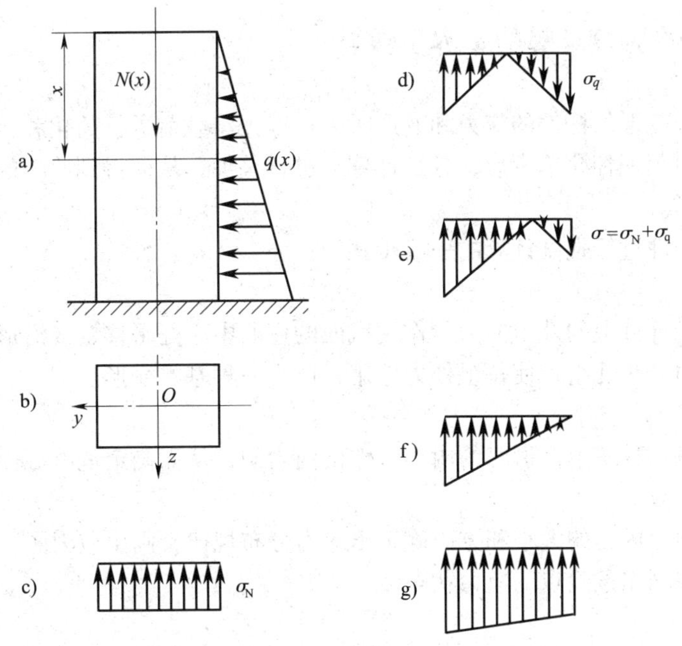

图 7—4　在自重和土压力作用下的石墩

现研究距墩顶端为 x 的任意截面上的应力。由于自重作用，在此截面上将引起均匀分布的压应力：

$$\sigma_N = \frac{N(x)}{A}$$

由于土压力的作用，在同一截面上离中性轴 Oz 的距离为 y 的任一点处的弯曲应力为：

$$\sigma_q = \frac{M(x)y}{I_z}$$

根据叠加原理，在此截面上离中性轴的距离为 y 的点上的总应力为：

$$\sigma = \sigma_N + \sigma_q = \frac{N(x)}{A} + \frac{M(x)y}{I_z}$$

应用上式时注意将 $N(x)$、$M(x)$、y 的大小和正负号同时代入。

石墩横截面上应力 σ_N、σ_q 和 σ 的分布情况一般如图 7—4c、d、e 所示。由于土压力和自重大小的不同，总应力 σ 的分布也可能有如图 7—4f、g 所示的情况。

石墩的最大正应力 σ_{max} 及最小正应力 σ_{min}，都发生在最大弯矩 M_{max} 及最大轴力 N_{max} 所在的截面上离中性轴最远处。故石墩的强度条件为：

$$\sigma_{max} = \left|\frac{N_{max}}{A} + \frac{M_{max}}{W_z}\right| \leqslant [\sigma]$$

式中，$W_z = \frac{I_z}{y_{max}}$是石墩矩形横截面对 z 轴的抗弯截面模量。

上面以石墩为例介绍了怎样计算杆在拉伸（或压缩）与弯曲组合变形情况下的应力，也可以用同样的方法求解类似的问题。

三、组合变形强度计算的基本步骤

计算发生组合变形的杆件的应力和变形时，可以先将载荷进行简化和分解，使简化后的等效载荷各自只引起一种简单变形，分别计算再进行叠加，从而得到原来的载荷引起的组合变形的应力和变形。

对组合变形构件进行强度计算的一般步骤为：

1. 外力分析

首先将作用于杆件上的外力向力所作用截面的弯曲中心处平移，或沿形心主惯性轴方向分解，从而把外力分为几组，使每组外力作用只产生一种基本变形。

2. 内力分析

计算构件在每一种基本变形时的内力，作出内力图，从而确定危险截面的位置。

3. 应力分析

根据危险截面上内力的大小和方向确定出应力分布规律，画出应力图，从而确定截面上危险点的位置，并画出危险点的应力状态。

4. 强度计算

根据危险点的应力状态和构件的材料分析基础破坏的形式，选择相应的强度理论进行计算。

任务实施

解： 如图 7—5 所示为图 7—2 中铸铁压力机立柱受力图。

1．计算横截面的形心、面积、惯性矩

$$A = 15\ 000\ \text{mm}^2$$

$$z_0 = 75\ \text{mm}$$

$$z_1 = 125\ \text{mm}$$

$$I_y = 5.31 \times 10^7\ \text{mm}^4$$

2．计算立柱横截面内力

$$F_N = F$$

$$M = F(350 \times 10^{-3} + z_0) = F(350 + 75) \times 10^{-3}$$

$$= 425F \times 10^{-3} (\text{N} \cdot \text{m})$$

3．计算立柱横截面的最大应力（见图 7—6）

$$\sigma_{t,max} = \frac{Mz_0}{I_y} + \frac{F_N}{A}$$

$$= \frac{425 \times 10^{-3} F \times 0.075}{5.31 \times 10^{-5}} + \frac{F}{15 \times 10^{-3}}$$

$$= 667F(\text{Pa})$$

$$\sigma_{c,max} = \frac{Mz_1}{I_y} - \frac{F_N}{A}$$

$$= \frac{425 \times 10^{-3} F \times 0.125}{5.31 \times 10^{-5}} - \frac{F}{15 \times 10^{-3}}$$

$$= 934F(\text{Pa})$$

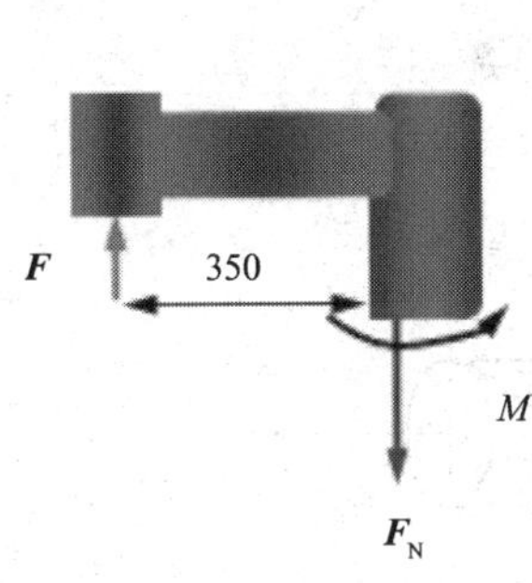

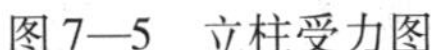
图 7—5 立柱受力图

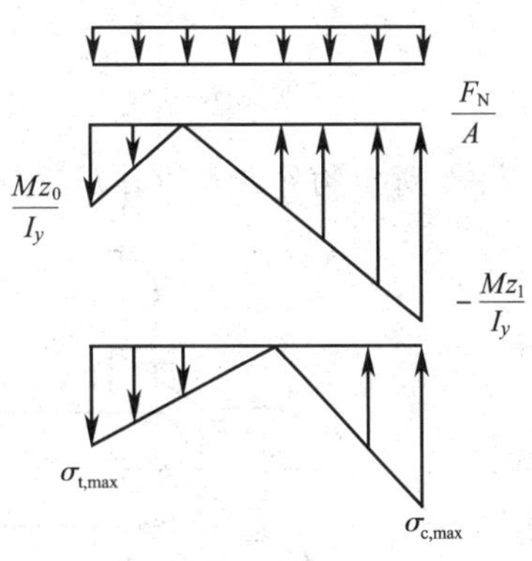

图 7—6 横截面应力图

4．求压力 F

$$\sigma_{\mathrm{t,max}} = 667F \leqslant [\sigma_{\mathrm{t}}]$$

$$F \leqslant \frac{[\sigma_{\mathrm{t}}]}{667} = \frac{30 \times 10^6}{664} = 45\ 000\ \mathrm{N}$$

$$\sigma_{\mathrm{c,max}} = 934F \leqslant [\sigma_{\mathrm{c}}]$$

$$F \leqslant \frac{[\sigma_{\mathrm{c}}]}{934} = \frac{120 \times 10^6}{934} = 128\ 500\ \mathrm{N}$$

因此，许可压力 $F = 45\ 000$ N。

思考与练习

1．如习题图 7—1 所示，*AB* 杆产生的变形是（　　）。

A．拉伸与扭转的组合　　B．拉伸与弯曲的组合

C．扭转与弯曲的组合　　D．压缩与弯曲的组合

2．如习题图 7—2 所示结构，其中 *AD* 杆产生的变形为（　　）。

A．弯曲变形　　B．压缩变形

C．弯曲与压缩的组合变形　　D．弯曲与拉伸的组合变形

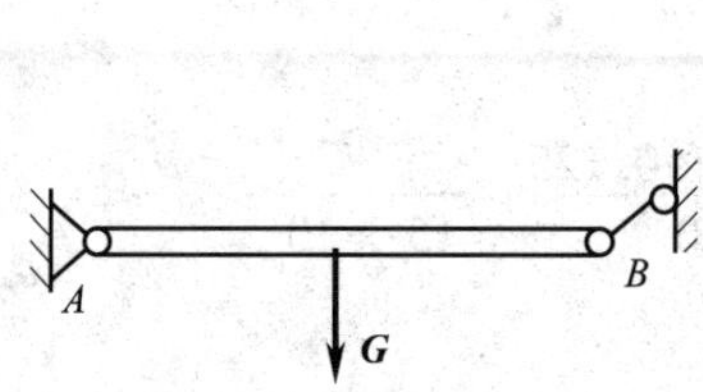

习题图 7—1

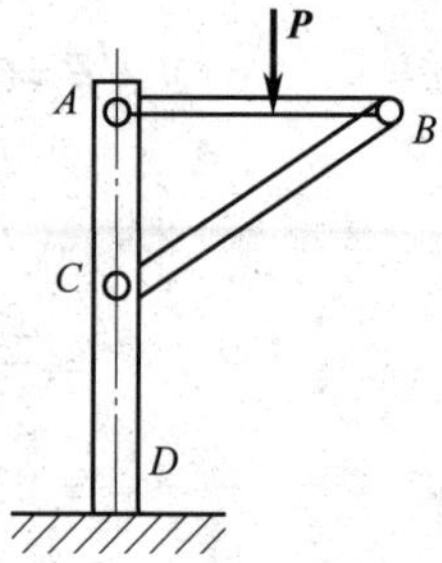

习题图 7—2

3．习题图 7—3 所示构件在外力作用下产生的变形是________与________的组合。

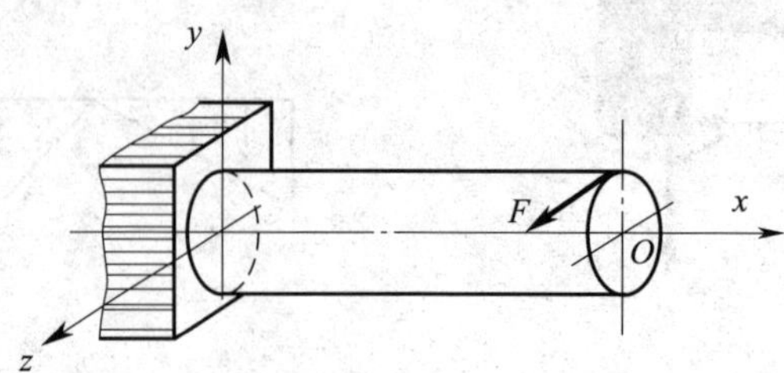

习题图 7—3

4. 习题图 7—4 所示由木材制成的矩形截面悬臂梁，在梁的水平对称面内受到力 F_{p1} = 1.6 kN 的作用，在竖直对称面内受到力 F_{p2} = 0.8 kN 作用。已知 b = 90 mm，h = 180 mm，试求梁横截面上的最大正应力及其作用点的位置。如果截面为圆形，d = 130 mm，试求梁横截面上的最大正应力。

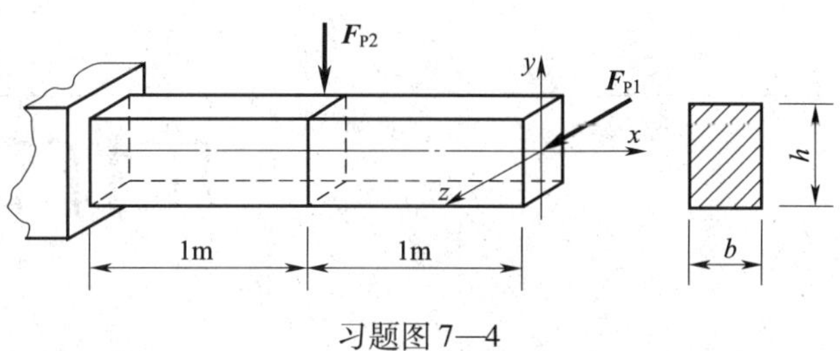

习题图 7—4

模块八

压杆稳定分析

任务一　判断压杆的类型

学习目标

1. 掌握压杆稳定、压杆失稳、临界力的定义。
2. 熟悉压杆的三种类型。
3. 能通过柔度计算，判断压杆的类型。

工程应用

如图8—1所示，桥梁施工时，满堂支架中的立杆是典型的压杆。图8—2中，铁路桥梁的桥墩也属于压杆。

图8—1　满堂支架

图8—2　铁路桥梁

在工程实际中，由于压杆失稳造成工程倒塌的实例很多。如2000年10月25日，某电视台演播中心裙楼工地由于脚手架失稳造成屋顶模板倒塌（见图8—3）；2002年2月8日，四川省自贡市某大桥施工过程中，当加载试验至设计载荷的90%（1 100 t）时，脚手架失稳造成整体坍塌。因此，在工程设计时，需要认真考虑压杆稳定问题。

图8—3　某电视台演播中心裙楼脚手架倒塌事故

什么是压杆稳定和压杆失稳？压杆的类型有哪些？

已知图8—4中三个压杆皆为圆形截面的钢杆，它们的两个柔度指标分别为 $\lambda_p=101$，$\lambda_s=61.6$，杆件直径 $d=100$ mm。试判别三个压杆的类型。

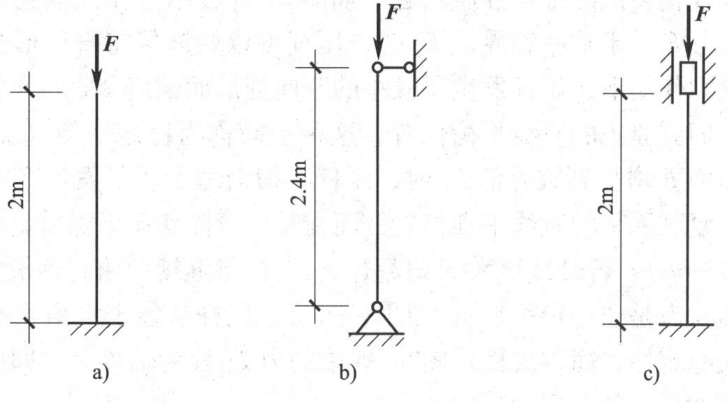

图8—4　压杆的类型

一、压杆稳定的概念

模块三中曾讲解过，当轴向受压杆的应力达到屈服强度或抗拉强度时，将引起塑性变形或断裂，这些是由于强度不足引起的失效，如低碳钢和铸铁的压缩等。但构件除了强度、刚度失效外，还可能发生稳定失效。

1. 稳定平衡和非稳定平衡

“稳定”和“不稳定”是指物体的平衡性质而言。例如，图 8—5a 所示处于凹面的球体，其平衡是稳定的，当球受到微小干扰偏离其平衡位置，经过摆动后球会重新回到原来的平衡位置；图 8—5b 所示处于凸面的球体，当球受到微小干扰，它将偏离其平衡位置，且不再恢复原位，故该球的平衡是不稳定的。

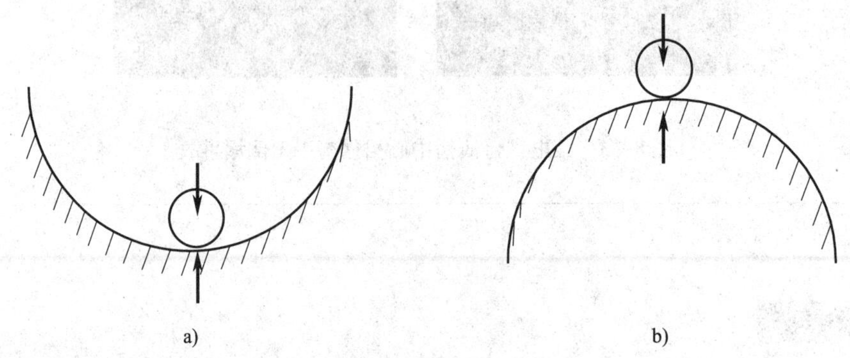

图 8—5　稳定平衡和非稳定平衡

a）稳定平衡　b）非稳定平衡

2. 压杆稳定和压杆失稳

受压直杆同样存在类似的平衡性质问题。如图 8—6 所示，在杆端施加一个逐渐增大的轴向压力 F。当压力 F 小于某一临界值 F_{cr}时，压杆可以始终保持直线形式的平衡，即使在任意小的横向干扰力作用下，压杆发生了微小的弯曲变形而偏离其直线平衡位置，但当干扰力除去后，压杆又回到原来的直线平衡位置，这种平衡称为稳定平衡（见图 8—6a），也称为压杆稳定。当压力 F 增加到临界值 F_{cr}时，压杆在横向力干扰下发生弯曲，当除去干扰力后，杆就不能再恢复到原来的直线平衡位置，而在某一弯曲状态下保持新的平衡，称为临界平衡状态（见图 8—6b）。若继续增大 F 值超过 F_{cr}，杆将继续弯曲直到折断，因此，称原来的直线形状的平衡状态是非稳定平衡（见图 8—6c）。压杆从稳定平衡状态转变为非稳定平衡状态，称为丧失稳定性，简称失稳。图 8—6 中的力 F_{cr}称为临界力，即由稳定平衡转变为不稳定平衡时所受的最大轴向压力。

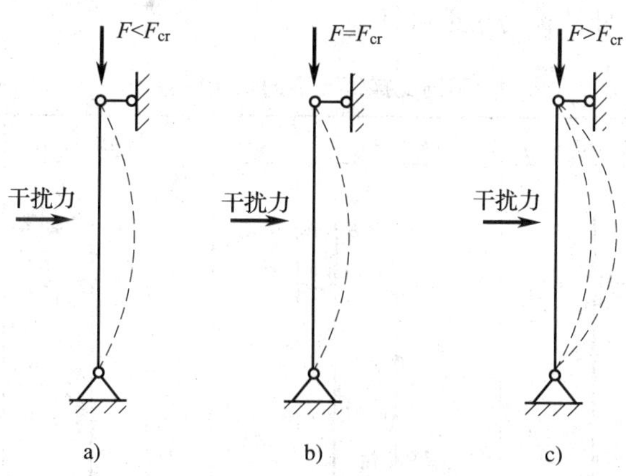

图 8—6 压杆稳定和压杆失稳

a）压杆稳定 b）临界状态 c）压杆失稳

二、压杆的类型

在工程中，通常根据柔度的大小对压杆进行分类。

1．柔度

柔度也称为长细比，其定义式如下：

$$\lambda = \frac{\mu l}{i} \tag{8—1}$$

式中 λ——柔度；

μ——长度系数，与支撑情况有关，其值见表 8—1；

i——惯性半径，m。

$$i = \sqrt{\frac{I}{A}} \tag{8—2}$$

式中 I——惯性矩，m^4；

A——截面面积，m^2。

柔度 λ 综合反映了压杆的杆端约束、杆长、截面形状和尺寸等因素对稳定性的影响。柔度 λ 越大，杆越容易丧失稳定性；反之 λ 越小，则压杆的稳定性越好。

2．压杆的类型

（1）大柔度杆（细长杆）

当满足 $\lambda \geqslant \lambda_p$ 时，杆件称为大柔度杆。

式中，λ_p 为由材料弹性比例极限决定的柔度（可以查表）。

（2）中柔度杆（中粗杆）

当满足 $\lambda_s \leqslant \lambda < \lambda_p$ 时，杆件称为中柔度杆。

式中，λ_s 为由材料屈服强度决定的柔度。

（3）小柔度杆（短粗杆）

当满足 $\lambda < \lambda_s$ 时，杆件称为小柔度杆。

表 8—1　　　　不同支撑情况下的长度系数

支撑情况	两端固定	一端固定，一端铰支	两端铰支	一端固定，一端自由
杆端支撑情况				
临界力 F_{cr}	$F_{cr}=\dfrac{\pi^2 EI}{(0.5l)^2}$	$F_{cr}=\dfrac{\pi^2 EI}{(0.7l)^2}$	$F_{cr}=\dfrac{\pi^2 EI}{(l)^2}$	$F_{cr}=\dfrac{\pi^2 EI}{(2l)^2}$
长度系数	0.5	0.7	1	2

任务实施

根据任务的已知条件计算柔度，根据柔度的大小判断压杆的类型。

图 8—4 所示压杆类型的分析及结果如下：

1. 图 8—4a：计算柔度并判断杆件类型。

$$i=\sqrt{\frac{I}{A}}=\sqrt{\frac{\frac{1}{64}\pi d^4}{\frac{1}{4}\pi d^2}}=\frac{d}{4}=\frac{100}{4}=25\ \text{mm}$$

$$\lambda=\frac{\mu l}{i}=\frac{2\times 2\,000}{25}=160$$

因为 $\lambda=160>\lambda_p=101$，所以该杆是大柔度杆（细长杆）。

2. 图 8—4b：计算柔度并判断杆件类型。

$$\lambda=\frac{\mu l}{i}=\frac{1\times 2\,400}{25}=96$$

因为 $\lambda_p=101>\lambda=96>\lambda_s=61.6$，所以该杆是中柔度杆（中粗杆）。

3. 图 8—4c：计算柔度并判断杆件类型。

$$\lambda=\frac{\mu l}{i}=\frac{0.5\times 2\,000}{25}=40$$

因为 $\lambda=40<\lambda_s=61.6$，所以该杆是小柔度杆（中粗杆）。

应用案例

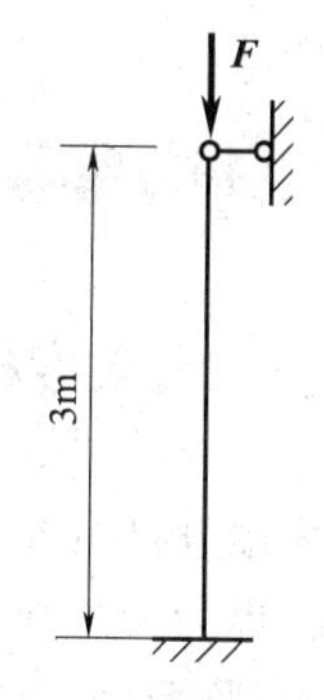

图 8—7　一端固定一端铰支压杆计算简图

案例　图 8—7 所示压杆是正方形截面的木杆，截面尺寸为 100 mm×100 mm，$\lambda_p=59$。要求判断杆件（压杆）的类型。

解：计算柔度，并判断杆件类型。

$$i=\sqrt{\frac{I}{A}}=\sqrt{\frac{\frac{1}{12}b^4}{b^2}}=\frac{b}{\sqrt{12}}=\frac{100}{\sqrt{12}}=28.9\ \text{mm}$$

$$\lambda=\frac{\mu l}{i}=\frac{0.7\times 3\,000}{28.9}=72.7$$

因为 $\lambda=72.7>\lambda_p=59$，所以该杆是大柔度杆（细长杆）。

任务二　计算受压构件的临界力和临界应力

学习目标

1. 掌握不同压杆类型的临界力和临界应力的计算公式。
2. 能根据不同的压杆类型，计算压杆的临界应力，从而判断压杆平衡条件。

工作任务

通过任务一的分析可知，压杆能否保持稳定平衡，取决于压力 F 的大小，当压力 F 小于临界力 F_{cr}时，压杆处于稳定状态。因此压杆的稳定性计算关键在于临界力的计算，应保证压杆所受到的压力不超过临界力，确保压杆不发生稳定性破坏。在工程应用中，经常会用临界应力来判断压杆是否平衡，临界应力指的是：在临界力作用下，压杆横截面上的压应力，等于临界力除以横截面的面积，用 σ_{cr}表示。

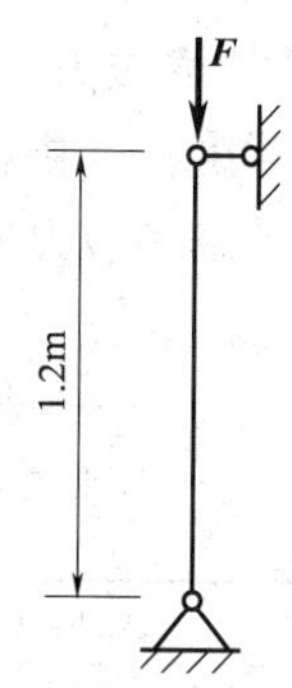

图 8—8　两端铰支的压杆计算图

如图 8—8 所示为两端铰支的圆形截面受压杆，用 Q235 钢制成，材料的弹性模量 $E=200$ GPa，$\lambda_p=100$，$\lambda_s=61.4$，直径 $d=40$ mm。试确定此压杆保持稳定时所能承受的最大应力（临界应力）。

相关理论

一、大柔度杆的临界力及临界应力

大柔度杆（细长杆）的变形不大，杆内应力不超过弹性比例极限，可以采用欧拉公式计算临界力及临界应力。

1．临界力

$$F_{cr} = \frac{\pi^2 EI}{(\mu l)^2} \tag{8—3}$$

式中 F_{cr}——临界力，N；

μ——长度系数，其值见表8—1；

l——杆的长度（μl 称为相当长度），m；

I——杆横截面对中性轴的惯性矩，m^4；

E——弹性模量，Pa。

2．临界应力

$$\sigma_{cr} = \frac{F_{cr}}{A} = \frac{\pi^2 EI}{A(\mu l)^2} \tag{8—4}$$

$$\sigma_{cr} = \frac{\pi^2 E}{\lambda^2} \tag{8—5}$$

式中 σ_{cr}——临界应力，Pa；

A——杆件横截面的面积，m^2；

λ——柔度。

二、中柔度杆的临界应力

1．临界应力

中柔度杆（中粗杆）的临界应力超过了弹性比例极限，已不适用欧拉公式。通常对这类压杆的临界应力采用经验公式进行计算，经验公式为：

$$\sigma_{cr} = a - b\lambda \tag{8—6}$$

式中 a、b——与材料有关的常数（见表8—2）。

表8—2　　几种常用材料的 a、b 值

材料	a（MPa）	b（MPa）	λ_p	λ_s
Q235钢（R_{eL} = 235 MPa）	304	1.12	100	61.4
硅钢（R_{eL} = 353 MPa，$R_m \geqslant$ 510 MPa）	578	3.74	100	60.0

续表

材料	a（MPa）	b（MPa）	λ_p	λ_s
铬钼钢	980.7	5.29	55	
硬铝（铝合金）	373	2.15	50	
铸铁	332.2	1.45	80	
松木	28.7	0.19	59	

2. 临界力

$$F_{cr}=\sigma_{cr}A=(a-b\lambda)A \qquad (8—7)$$

式中 A——横截面面积，m^2。

三、小柔度杆的临界应力

1. 临界应力

小柔度压杆（短粗杆）一般是由于强度不够而可能发生屈服（塑性材料）或破裂（脆性材料），即破坏按模块三中轴向受压杆的破坏分析。其临界应力为：

$$\sigma_{cr}=\sigma_u=\begin{cases}R_{eL}\ （塑性材料）\\ R_m\ （脆性材料）\end{cases} \qquad (8—8)$$

2. 临界力

$$F_{cr}=\sigma_{cr}A=\sigma_u A \qquad (8—9)$$

四、临界应力总图

根据上述三类压杆不同的临界应力表达式，可在 $\sigma_{cr}-\lambda$ 坐标系中画出 $\sigma_{cr}=f(\lambda)$ 曲线，称为临界应力总图，如图 8—9 所示。显然，柔度越大的压杆，其临界应力越小，越容易失稳。

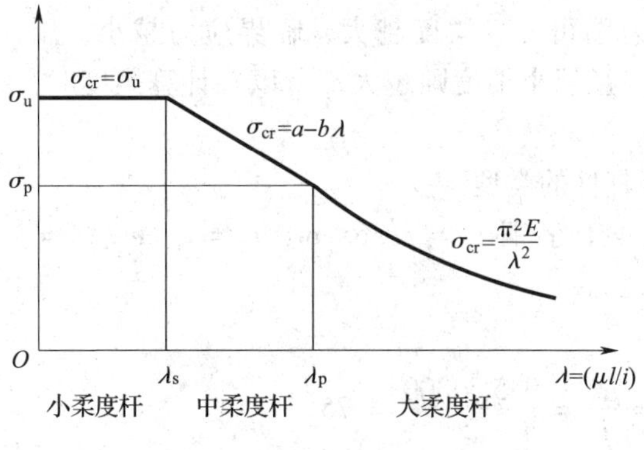

图 8—9 临界应力总图

任务实施

计算柔度，根据柔度的大小判断杆件的类型；根据杆件的类型选择相应的临界应力的计算公式。

图 8—8 所示杆件的分析及结果如下：

1. 计算杆件的柔度并判断杆件的类型

惯性半径

$$i = \sqrt{\frac{I}{A}} = \sqrt{\frac{\frac{1}{64}\pi d^4}{\frac{1}{4}\pi d^2}} = \frac{d}{4} = \frac{40}{4} = 10 \text{ mm}$$

由于是两端铰支杆，查表 8—1 得长度系数 $\mu = 1$。

柔度

$$\lambda = \frac{\mu l}{i} = \frac{1 \times 1\,200}{10} = 120 > \lambda_p = 100$$

所以杆件是大柔度杆，可用欧拉公式计算临界应力。

2. 计算临界应力

$$\sigma_{cr} = \frac{\pi^2 E}{\lambda^2} = \frac{\pi^2 \times 200 \times 10^9}{120^2} = 136.9 \times 10^6 \text{ Pa} = 136.9 \text{ MPa}$$

因此，图 8—8 中压杆的临界应力为 136.9 MPa，即压杆所受到的临界应力大于 136.9 MPa时，压杆会出现失稳现象。

应用案例

案例 如图 8—10 所示的两端固定的压杆，由 18 号工字钢制成，其弹性模量 $E = 200$ GPa，$\lambda_p = 100$，$\lambda_s = 61.4$。要求计算该压杆的临界应力和临界力。

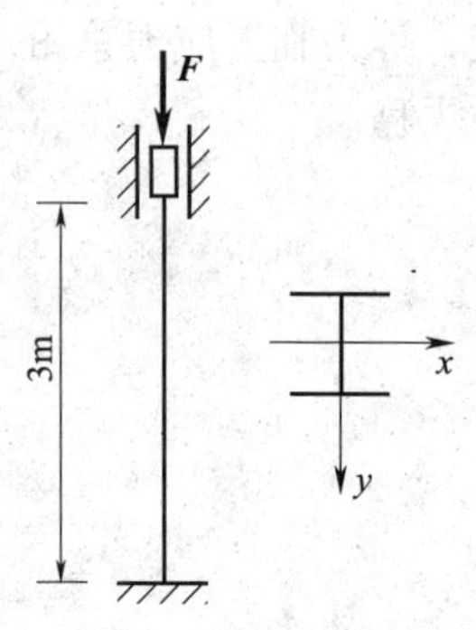

图 8—10 两端固定压杆计算图

解：通过临界应力总图可知，柔度越大，临界应力越小，压杆越容易失稳，而惯性半径越小柔度则越大，所以在计算柔度时，应选择惯性半径小的值。

1. 计算柔度，判断杆件的类型

查型钢表，得 18 号工字钢 $i_x = 7.36$ cm，$i_y = 2$ cm，$A = 30.6$ cm^2。选择 $i_{min} = i_y = 2$ cm。

柔度

$$\lambda = \frac{\mu l}{i} = \frac{0.5 \times 300}{2} = 75$$

因为 $\lambda_p = 100 > \lambda = 75 > \lambda_s = 61.4$，所以此压杆为中柔度杆。

2. 计算临界应力

查表 8—2 得：$a = 304$ MPa，$b = 1.12$ MPa。

$$\sigma_{cr} = a - b\lambda = 304 - 1.12 \times 75 = 220 \text{ MPa}$$

3. 计算临界力

$$F_{cr} = \sigma_{cr}A = 220 \times 10^6 \times 30.6 \times 10^{-4} = 673\,200 \text{ N} = 673.2 \text{ kN}$$

因此，图 8—10 中压杆为中柔度杆，其临界应力为 220 MPa，临界力为 673.2 kN。

任务三　分析受压构件的承载力

1. 能利用压杆稳定条件判断压杆的稳定性。
2. 熟悉提高压杆稳定性的措施。

在桥梁施工事故中，有很大一部分是由于支架中的压杆稳定性不足而导致倒塌，所以压杆的稳定性验算是非常重要的。如图 8—11 所示的支架，已知立杆截面为圆形的钢管，材料为 Q235 钢，$\lambda_p = 101$，钢管外径为 48 mm，壁厚为 3.5 mm，横截面面积 $A = 4.89 \times 10^2$ mm^2，惯性矩 $I = 1.078 \times 10^5$ mm^4，步距 $L = 120$ cm，$[\sigma] = 215$ MPa，承受模板、混凝土重力和施工载荷共计 52 kN，试计算并分析该立杆是否是安全的？

一、安全系数法

从理论上可知，只要压杆受到的最大压力不超过临界力（或者压杆受到的最大应力不超过临界应力），压杆就处于稳定状态。但是在工程中，为确保压杆的正常工作，并具有足够的稳定性，不仅要满足理论条件，还必须考虑一定的安全储备，必须使压杆所承受的压力 F 满足下述条件：

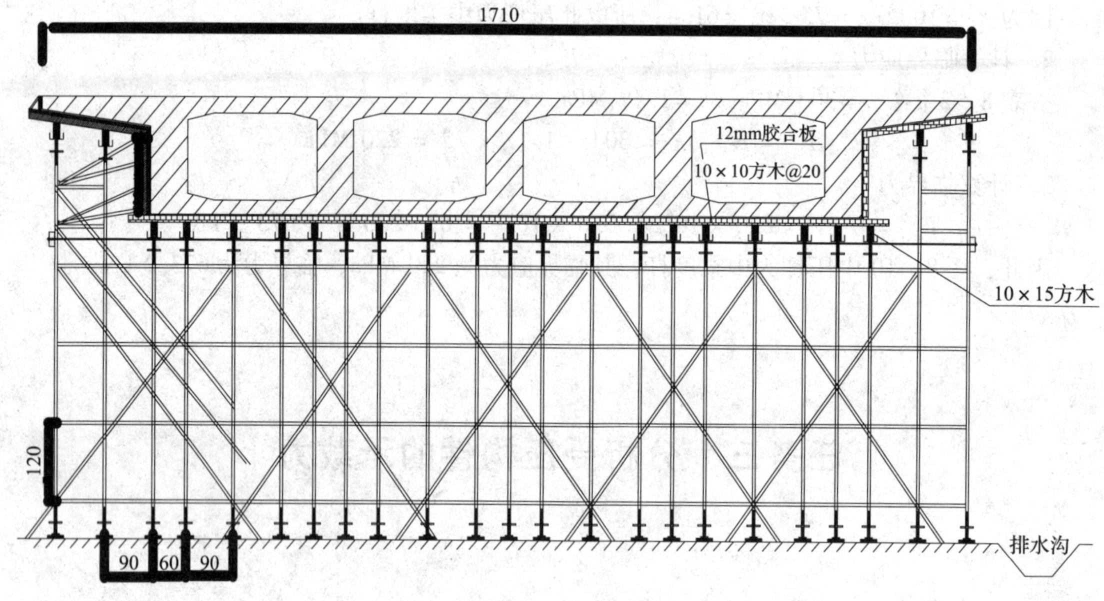

a)

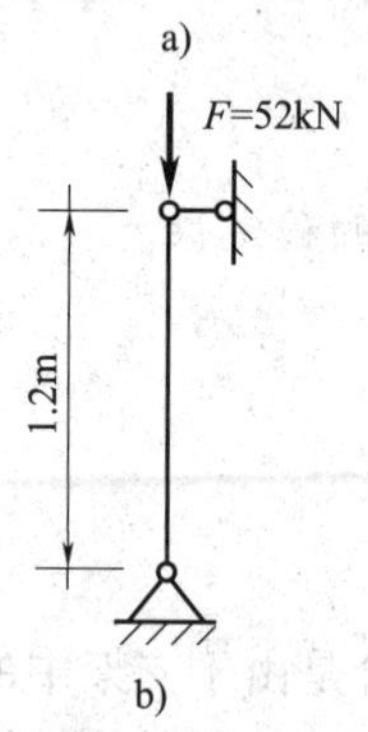

b)

图 8—11　支架的受压分析图

a）满堂支架　b）立杆的计算简图

$$F \leqslant [F_{cr}] = \frac{F_{cr}}{n_w} \tag{8—10}$$

或者写成

$$\sigma = \frac{F}{A} \leqslant [\sigma_{cr}] = \frac{\sigma_{cr}}{n_w} \tag{8—11}$$

式中　F——压杆承受的压力，N；

$[F_{cr}]$——稳定许用压力，N；

σ——压应力，Pa；

$[\sigma_{cr}]$——稳定容许应力，Pa；

n_w——稳定安全系数。

压杆的稳定安全系数一般大于强度安全系数，这主要是因为压杆失稳大都具有突发性，危害比较大，另外还有一些难以避免的因素，如杆件的初弯曲、压力偏心等导致临界力的降低，影响了压杆的稳定性。对于稳定安全系数，一般可查阅设计手册或规范。

二、折减系数法

在工程实际中，为了简化压杆的稳定计算，常借助于强度许用应力 $[\sigma]$，将临界应力的许用值写成如下形式：

$$[\sigma_{cr}] = \varphi[\sigma] \tag{8—12}$$

于是压杆的稳定条件可改写成：

$$[\sigma_{cr}] = \frac{F}{A} \leqslant \varphi[\sigma] \tag{8—13}$$

式中 $[\sigma]$——许用压应力，Pa；

φ——折减系数。

折减系数 φ 与材料性能及压杆柔度有关。φ 可以从规范中查得。表 8—3 中给出了几种常见材料的 $\varphi-\lambda$ 对应数值。对于表列相邻 λ 值柔度的压杆，其折减系数由直线内插法求得。

表 8—3　　轴心受压构件的折减系数表

λ	φ			λ	φ		
	Q235 钢	Q345 钢	木材		Q235 钢	Q345 钢	木材
0	1.000	1.000	1.000	130	0.401	0.279	0.178
10	0.995	0.993	0.971	140	0.349	0.242	0.153
20	0.981	0.973	0.932	150	0.306	0.213	0.133
30	0.958	0.940	0.883	160	0.272	0.188	0.117
40	0.927	0.895	0.822	170	0.243	0.168	0.104
50	0.888	0.840	0.751	180	0.218	0.151	0.093
60	0.842	0.776	0.668	190	0.197	0.136	0.083
70	0.789	0.705	0.575	200	0.180	0.124	0.075
80	0.731	0.627	0.470	210	0.164	0.113	
90	0.669	0.546	0.370	220	0.151	0.104	
100	0.604	0.462	0.300	230	0.139	0.096	
110	0.536	0.384	0.248	240	0.129	0.089	
120	0.466	0.325	0.208	250	0.120	0.082	

应用稳定条件，能求解压杆稳定方面的三种计算，即稳定性校核、截面设计和确定容许载荷。

三、提高压杆稳定性的措施

提高压杆稳定性，就是增大压杆的临界应力。从临界力（临界应力）计算公式可知，为提高压杆的承载能力，必须综合考虑杆长、支撑、截面的合理性以及材料性能等因素的影响。

1．减小压杆的柔度，提高稳定性

从压杆的临界应力总图可知，压杆的柔度 $\lambda = \frac{\mu l}{i}$ 越小，其临界应力越大，压杆的稳定性越好。为了减小柔度，通常采用如下措施：

（1）合理选择截面形状

提高惯性半径 i，可以减小柔度，增大临界应力，从而提高压杆的稳定性。由 $i = \sqrt{\frac{I}{A}}$ 可知，在杆的横截面面积相同的条件下，应尽量采用 I 值较大的截面形状。例如，如图 8—12 所示是三个杆长、材料及约束情况相同的压杆的截面，三个截面的面积相等，实心圆的直径 $D = 20$ mm；空心圆的外径 $D_1 = 50$ mm，内径 $D_2 = 45.82$ mm；正方形的边长 $a = 17.73$ mm。其抗压稳定性比较结果如下：

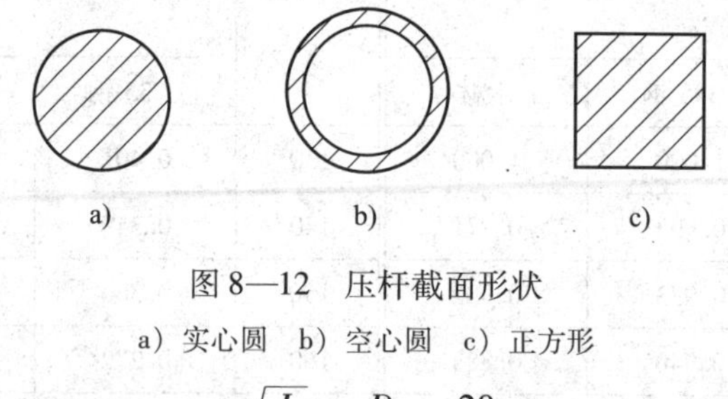

图 8—12　压杆截面形状

a）实心圆　b）空心圆　c）正方形

$$i_{实心圆} = \sqrt{\frac{I}{A}} = \frac{D}{4} = \frac{20}{4} = 5\ \text{mm}$$

$$i_{空心圆} = \sqrt{\frac{I}{A}} = \sqrt{\frac{\frac{\pi}{64}(D_1^4 - D_2^4)}{\frac{\pi}{4}(D_1^2 - D_2^2)}} = \frac{\sqrt{D_1^2 + D_2^2}}{4} = \frac{\sqrt{50^2 + 45.82^2}}{4} = \frac{20}{4} = 16.95\ \text{mm}$$

$$i_{正方形} = \sqrt{\frac{I}{A}} = \sqrt{\frac{\frac{1}{12}a^4}{a^2}} = \frac{a}{\sqrt{12}} = \frac{17.73}{\sqrt{12}} = 5.1\ \text{mm}$$

通过计算结果可知：在截面面积相同的情况下，空心圆截面压杆的抗压稳定性远远高于实心圆截面压杆，实心圆截面压杆与正方形截面压杆的抗压稳定性接近。这也是在工程中支架的压杆一般选用空心截面的钢杆的原因之一。

当压杆在各个方向的约束条件相同时，压杆将在刚度最小的主轴平面内失稳，因此应采用各个方向的惯性矩相同的截面，如圆形截面或正方形截面，这样可以充分利用材料。

(2) 改善约束条件、减小压杆长度

压杆的长度支撑系数μ越小、计算长度越小，临界力越大。因此可以通过改变压杆的约束条件、减小长度支撑系数μ，从而增大临界力，提高压杆稳定性。例如，表 8—1 中的四种杆，在材料、截面面积、长度相同的情况下，其临界力之比为 4∶2. 9∶2∶1。

另外，也可以通过增加横杆以达到减小立杆的计算长度，从而提高压杆的稳定性。图 8—13 所示的椅子，增加横杆可以提高其稳定性；图 8—14 所示的支架，每隔一定距离就要加横向支撑，也是这个缘故。

图 8—13　椅子

图 8—14　支架

2. 合理选用材料

对于大柔度杆，根据欧拉公式可知，压杆的临界应力大小与材料的弹性模量E成正比。因此在其他条件均相同的情况下，选用弹性模量E较大的材料，可以提高大柔度压杆的承载能力。但是，对于钢材而言，由于各种钢材的弹性模量大致相等，所以选用高强度钢并不能明显提高压杆的稳定性。

对于中、小柔度杆，根据公式可知其临界应力与材料的强度指标有关，这时选用高强钢会使临界力有所提高。

任务实施

计算任务中杆件的柔度，根据柔度的大小和材料类型选择折减系数；用压杆稳定条件进行稳定验算。

图 8—11 所示压杆的受力分析及结果如下：

1. 计算柔度，查表选择折减系数φ

$$i = \frac{I}{A} = \sqrt{\frac{1.078 \times 10^5}{4.89 \times 10^2}} = 14.8 \text{ mm}$$

$$\lambda = \frac{\mu l}{i} = \frac{1 \times 1\ 200}{14.8} = 81$$

查表 8—3，得折减系数$\varphi = 0.725$（内插）。

2．压杆稳定验算（采用折减系数稳定条件）

$$\sigma = \frac{F}{A} = \frac{52 \times 10^3}{4.89 \times 10^2 \times 10^{-6}} = 106.3\ \text{MPa} < \varphi[\sigma] = 0.725 \times 215 = 155.9\ \text{MPa}$$

所以，图 8—11 所示的立杆是稳定的。

应用案例

案例 简易起重机如图 8—15 所示，杆 AB 的直径 $d=40$ mm，长 $l=0.8$ m，两端可视为铰支，材料为 Q235 钢，$[\sigma]=215$ MPa。要求：由 AB 杆的稳定条件计算该起重机的最大起吊重量。

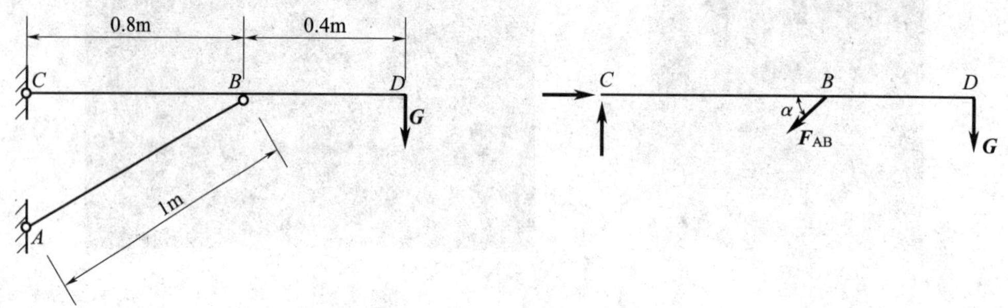

图 8—15 简易起重机受力图

解：

1．计算杆 AB 的压力

$$\sum M_C = 0$$

$$F_{AB}\sin\alpha \times 0.8 - G \times 1.2 = 0$$

$$F_{AB} = 0.9G$$

2．计算柔度，查表选择折减系数 φ（杆 AB 可以看做两端铰支的压杆）

$$i = \sqrt{\frac{I}{A}} = \sqrt{\frac{\frac{1}{64}\pi d^4}{\frac{1}{4}\pi d^2}} = \frac{d}{4} = \frac{40}{4} = 10\ \text{mm}$$

$$\lambda = \frac{\mu l}{i} = \frac{1 \times 1\,000}{10} = 100$$

查表 8—3，得折减系数 $\varphi=0.604$。

3．稳定计算

$$\sigma = \frac{F_{AB}}{A} = \frac{0.9G}{A} \leqslant \varphi[\sigma]$$

$$G \leqslant \frac{\varphi[\sigma]A}{0.9} = \frac{0.604 \times 215 \times 10^6 \times \frac{1}{4}\pi \times 40^2 \times 10^{-6}}{0.9} = 181\,226.8\ \text{N}$$

所以，起重机最大起吊重量为 181 226.8 N。

思考与练习

1. 如习题图 8—1 所示支撑情况不同的圆截面压杆，已知各杆的直径和材料均相同且都为大柔度杆，试判断哪根杆最稳定，哪根杆最不稳定。

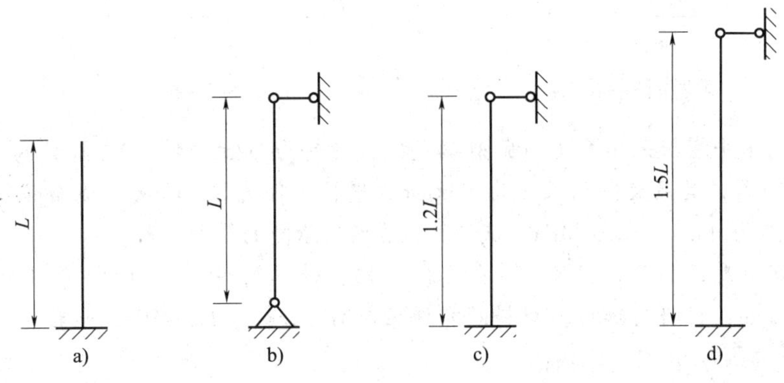

习题图 8—1

2. 如习题图 8—2 所示钢筋混凝土柱，高 8 m，下端与基础固结，上端与屋架铰接。柱的截面尺寸为 250 mm × 600 mm。要求：按欧拉公式计算该柱的临界力。

3. 如习题图 8—3 所示两端铰支的圆截面受压杆件，用 Q235 钢制成，其弹性模量 $E=200$ GPa，$\lambda_p=100$，$\lambda_s=61.4$，圆截面的直径为 40 mm，试计算压杆的临界应力。

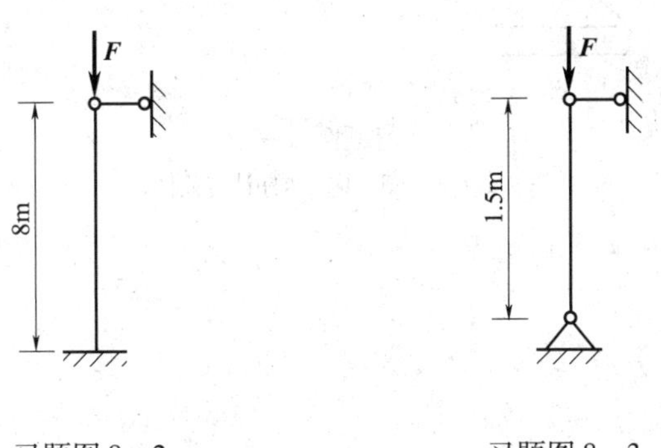

习题图 8—2　　习题图 8—3

4. 如习题图 8—4 所示两端铰支矩形截面松木压杆，已知 $F=50$ kN，截面尺寸 $b\times h=120$ mm × 160 mm，材料的弹性模量 $E=10\times10^3$，$\lambda_p=59$，稳定安全系数 $n_w=4$，试校核压杆的稳定性。

5. 如习题图 8—5 所示的结构，压杆 BC 为 Q235 钢制成的圆截面杆，杆的直径为 40 mm，若规定的稳定安全系数 $n_w=4$，试校核 BC 杆的稳定性。

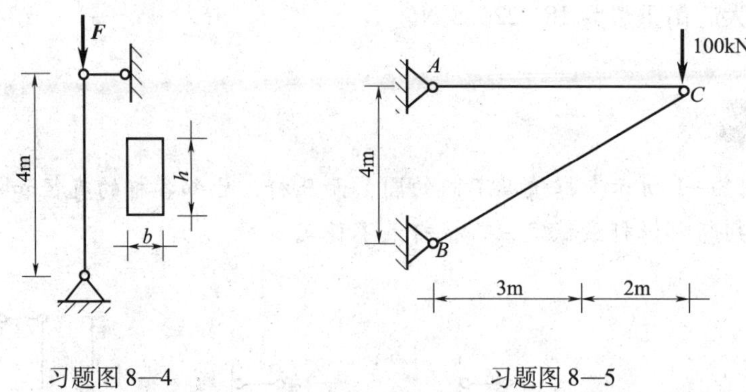

习题图 8—4　　　　习题图 8—5

6. 某梁的水平模板采用 CH－65 型钢支撑，材料为 Q235 钢。钢支撑按两端铰接的轴心受压构件进行计算，其最大使用长度为 3.06 m，惯性半径为 20.6 mm，截面面积为 438 mm^2，钢管的许用压应力［σ］＝215 MPa。试计算钢管所能承受的最大载荷。

7. 已知某千斤顶如习题图 8—7a 所示，其螺杆计算简图如习题图 8—7b 所示。已知杆的直径 d＝44 mm，材料为钢材，材料的容许压应力［σ］＝215 MPa，试校核其稳定性。

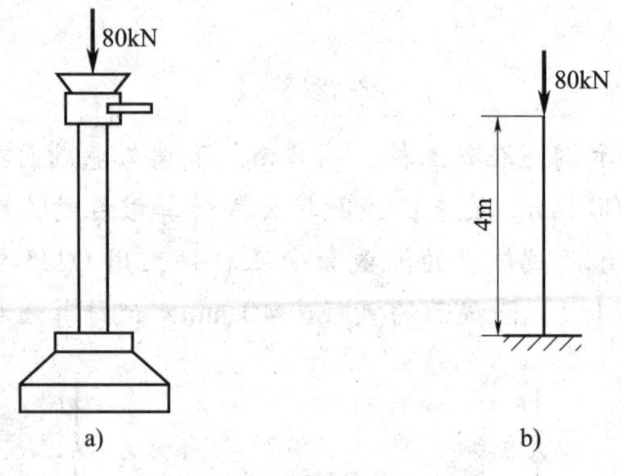

习题图 8—7

a）千斤顶　b）螺杆计算简图